北大社 "十三五"高等教育规划教材

高等院校电气信息类专业"互联网+"创新规划教材

Photoshop CC案例教程

（第3版）

主　编　李建芳

副主编　周明永　芦南美

北京大学出版社

PEKING UNIVERSITY PRESS

内 容 简 介

　　Adobe Photoshop 是一款专业的图形图像处理软件，功能强大，已成为当今世界图像处理软件的标准。本书是《Photoshop CS5 案例教程》（第 2 版）（2011 年 10 月由北京大学出版社出版）的升级版本，内容比较成熟，在兼顾理论基础的前提下，突出实际应用，是学习和掌握 Photoshop 的一本比较实用而有效的基础教程。全书共分 9 章，依次介绍了 Photoshop 软件的基本操作，基本工具的使用，色彩调整的常用方法，图层、滤镜、路径、蒙版、通道和动作的基本概念及实际应用。

　　书中所涉及的案例，能够有效地帮助读者巩固和加深软件的使用技术，使本来枯燥的软件学习变得相对轻松愉快。本书提供这些案例相关操作的所有素材和反映操作过程的原始文件。

　　本书可作为高等院校相关专业的教材，也可作为图形图像处理领域的培训教材及广大平面设计人员的参考用书。

图书在版编目 (CIP) 数据

Photoshop CC 案例教程 / 李建芳主编 . — 3 版 . —北京：北京大学出版社，2016.9
（高等院校电气信息类专业"互联网 +"创新规划教材）
ISBN 978-7-301-27421-7

Ⅰ. ① P… Ⅱ. ①李… Ⅲ. ①图象处理软件—高等学校—教材 Ⅳ. ① TP391.413

中国版本图书馆 CIP 数据核字（2016）第 195011 号

书　　　　名	Photoshop CC 案例教程（第 3 版）
	Photoshop CC Anli Jiaocheng
著作责任者	李建芳 主编
策 划 编 辑	郑　双
责 任 编 辑	黄红珍
数 字 编 辑	郑　双
标 准 书 号	ISBN 978-7-301-27421-7
出 版 发 行	北京大学出版社
地　　　　址	北京市海淀区成府路 205 号 100871
网　　　　址	http://www.pup.cn　新浪微博：@ 北京大学出版社
电 子 信 箱	pup_6@163.com
电　　　　话	邮购部 010 - 62752015　发行部 010 - 62750672　编辑部 010 - 62750667
印 刷 者	北京圣夫亚美印刷有限公司
经 销 者	新华书店
	787 毫米 ×1092 毫米　16 开本　19.75 印张　462 千字
	2009 年 1 月第 1 版　2011 年 9 月第 2 版
	2016 年 9 月第 3 版　2021 年 6 月第 4 次印刷
定　　　　价	49.00 元

第 3 版前言

Adobe Photoshop 是一款专业的图形图像处理软件，功能强大，已成为当今世界图像处理软件的标准；广泛应用于平面设计、数码相片处理、网页设计和影像后期处理等领域；对人们的工作和生活已经产生了和正在产生着重要的影响。"凡自然不能使之完美者，艺术使之完美"，相信朋友们在使用本书的过程中，能够体会到这一点。

对 Photoshop 初学者和普通用户而言，花费很大精力阅读一本大部头的 Photoshop 开发指南或大全之类的书，还不如"轻松"学习一本操作性强、有适当理论指导，并且实用、有趣、易懂的入门教程。本书正是本着这种思想编写的，它涵盖了 Photoshop 的所有核心技术。

本书是《Photoshop CS5 案例教程》（第 2 版）的升级版本，内容比较成熟，在兼顾理论基础的前提下，突出实际应用，是学习和掌握 Photoshop 的一本比较实用而有效的基础教程，具体内容如下：

第 1 章 Photoshop 入门，主要介绍了有关图形图像处理的一些基本概念和 Photoshop 的一些基本操作。

第 2 章 基本工具的使用，主要讲述了 Photoshop 工具箱中基本工具的使用方法和一些典型的应用案例。

第 3 章 色彩调整，主要讲述了色彩的一些最基本的常识、颜色模式的概念、颜色模式的转换、颜色调整的常用方法及典型的应用案例。

第 4 章 图层，主要讲述了图层的概念、图层的基本操作、图层的混合模式、图层样式以及一些典型的应用案例。

第 5 章 滤镜，主要讲述了滤镜的原理、滤镜的使用方法，以及一些典型的应用案例。

第 6 章 路径的使用，主要讲述了路径的概念、路径的基本操作，以及一些典型的应用案例。

第 7 章 蒙版，主要讲述了蒙版的概念、蒙版的基本操作，以及一些典型的应用案例。

第 8 章 通道，主要讲述了通道的概念、通道的基本操作，以及一些典型的应用案例。

第 9 章 动作，主要讲述了动作的概念、动作的基本操作，以及动作的相关应用案例。

建议上述各章的学时分配如下。

各　　章	第 1 章	第 2 章	第 3 章	第 4 章	第 5 章	第 6 章	第 7 章	第 8 章	第 9 章
学　　时	2	6	4	6	4	4	4	4	2

书中所涉及的案例，都是经过编者精心设计的，精彩有趣，能够有效地帮助读者巩固和加深软件的使用，使本来枯燥的软件学习变得相对轻松愉快。除此之外，本书还提供了相关操作的所有素材和反映操作过程的原始文件，同时，为了方便学习，还将部分

案例的操作演示以视频的方式嵌到对应的二维码中，有力地保证了操作的可行性。俗话说，"兴趣是最好的老师"，希望这本书能够成为朋友们学习和掌握 Photoshop 的好帮手。本书案例素材及习题答案可联系 QQ 客服 3209939285@qq.com 索要，也可扫描下边的二维码获得。

素材　　　　　　习题答案

在本书的选材和编写上，编者倾注了大量的心血；同时，借鉴了前辈和同仁们的一些好的创意，编者在此向他们表示衷心的感谢。

本书由华东师范大学李建芳老师担任主编，沈阳市化工学院周明永和石家庄铁路运输学校芦南美老师担任副主编，具体编写分工：第 1 章和第 2 章由芦美南老师编写，第 3 章和第 4 章由周明永老师编写，第 5 ～ 9 章由李建芳老师编写。

本书可作为高等院校相关专业的教材，也可作为图形图像处理领域的培训教材及广大平面设计人员的参考用书。由于编者水平所限，书中不足之处在所难免，恳请读者批评指正。

编　　者

2016 年 4 月

目　　录

第 1 章　Photoshop 入门 ················ 1

1.1　重要概念 ························ 2

1.1.1　位图与矢量图 ············ 2

1.1.2　分辨率 ················ 3

1.1.3　图像文件格式 ············ 3

1.2　初识 Photoshop ················ 4

1.2.1　熟悉工作界面 ············ 4

1.2.2　自定义工作区 ············ 6

1.3　Photoshop 基本操作 ············ 7

1.3.1　图像浏览 ················ 7

1.3.2　选取颜色 ··············· 11

1.3.3　文件基本操作 ··········· 12

1.3.4　操作的撤销与恢复 ······· 14

1.4　案例 ·························· 15

1.4.1　美丽的新娘 ············· 15

1.4.2　把灯点亮 ··············· 16

1.4.3　雨的印记 ··············· 18

小结 ···························· 20

习题 ···························· 20

第 2 章　基本工具的使用 ··············· 24

2.1　选择工具的使用 ··············· 25

2.1.1　选框工具组 ············· 25

2.1.2　套索工具组 ············· 27

2.1.3　魔棒工具 ··············· 29

2.1.4　快速选择工具 ··········· 29

2.1.5　选择工具应用案例 ······· 30

2.2　绘画与填充工具的使用 ········· 39

2.2.1　笔类工具组 ············· 39

2.2.2　橡皮擦工具组 ··········· 47

2.2.3　填充工具组 ············· 48

2.2.4　形状工具组 ············· 51

2.2.5　文字工具组 ············· 52

2.2.6　吸管工具组 ············· 54

2.2.7　案例 ·················· 57

2.3　修图工具的使用 ··············· 63

2.3.1　图章工具组 ············· 63

2.3.2　修复画笔工具组 ········· 66

2.3.3　模糊工具组 ············· 71

2.3.4　减淡工具组 ············· 72

2.3.5　综合案例——电脑美容 ··· 74

小结 ···························· 77

习题 ···························· 78

第 3 章　色彩调整 ···················· 83

3.1　色彩的基本知识 ··············· 84

3.1.1　三原色 ················· 84

3.1.2　色彩三要素 ············· 84

3.1.3　色彩的对比度 ··········· 85

3.2　颜色模式及转换 ··············· 85

3.2.1　颜色模式 ··············· 85

3.2.2　颜色模式的转换 ········· 88

3.3　色彩调整方法 ················· 92

3.3.1　常用调色命令 ··········· 92

3.3.2　其他调色命令 ·········· 100

3.3.3　借助调整图层进行色彩调整 ··· 105

3.4　案例 ························· 106

小结 ··························· 111

习题 ··························· 111

第 4 章　图层 ······················ 115

4.1　图层概述 ····················· 116

4.2　图层基本操作 ················ 117

4.2.1　选择图层 ·············· 117

4.2.2　新建图层 ·············· 117

4.2.3　删除图层 ·············· 118

4.2.4　显示与隐藏图层 ········ 118

4.2.5　复制图层 ·············· 118

4.2.6　图层改名 ·············· 119

4.2.7　更改图层不透明度 ······ 119

4.2.8　重新排序图层 ·········· 120

4.2.9 链接图层 ·················· 120
4.2.10 对齐链接图层 ·········· 120
4.2.11 分布链接图层 ·········· 121
4.2.12 合并图层 ··············· 122
4.2.13 图层锁定 ··············· 123
4.2.14 载入图层选区 ·········· 123
4.2.15 图层组的创建与编辑 ··· 123
4.2.16 保存图层 ··············· 124
4.3 图层混合模式 ··············· 124
4.3.1 混合模式概述 ·········· 124
4.3.2 常用的图层混合模式 ······ 124
4.4 图层样式 ··················· 128
4.4.1 图层样式的添加及参数设置 ··· 128
4.4.2 编辑图层样式 ·········· 134
4.5 背景层、文字层与中性色图层 ··· 135
4.5.1 背景层 ··············· 135
4.5.2 文字层 ··············· 136
4.5.3 中性色图层 ··········· 136
4.6 智能对象 ··················· 137
4.6.1 创建智能对象 ·········· 137
4.6.2 编辑智能对象 ·········· 138
4.7 案例 ························ 140
4.7.1 制作化妆品广告 ········ 140
4.7.2 制作卷纸国画 ·········· 142
4.7.3 制作奥运五环 ·········· 145
4.7.4 竹简效果设计 ·········· 148
小结 ···························· 153
习题 ···························· 154

第 5 章 滤镜 ··················· 159

5.1 滤镜概述 ··················· 160
5.1.1 滤镜简介 ············· 160
5.1.2 滤镜基本操作 ·········· 160
5.1.3 滤镜使用要点 ·········· 160
5.2 Photoshop CC 滤镜介绍 ······ 161
5.2.1 滤镜库 ··············· 161
5.2.2 风格化滤镜组 ·········· 162
5.2.3 画笔描边滤镜组 ········ 163
5.2.4 模糊滤镜组 ··········· 164
5.2.5 扭曲滤镜组 ··········· 169
5.2.6 锐化滤镜组 ··········· 173

5.2.7 素描滤镜组 ··········· 175
5.2.8 纹理滤镜组 ··········· 176
5.2.9 像素化滤镜组 ·········· 177
5.2.10 渲染滤镜组 ·········· 178
5.2.11 艺术效果滤镜组 ········ 180
5.2.12 杂色滤镜组 ·········· 181
5.2.13 其他滤镜组 ·········· 182
5.2.14 液化滤镜 ············· 184
5.2.15 消失点滤镜 ··········· 187
5.3 智能滤镜 ··················· 189
5.3.1 添加智能滤镜 ·········· 189
5.3.2 编辑智能滤镜 ·········· 190
5.4 案例 ························ 191
5.4.1 精确定位光晕中心 ······ 191
5.4.2 制作月光效果 ·········· 193
5.4.3 制作爆炸效果文字 ······ 196
5.4.4 制作黑白画效果 ········ 200
小结 ···························· 202
习题 ···························· 203

第 6 章 路径的使用 ············· 207

6.1 路径概述 ··················· 208
6.1.1 路径简介 ············· 208
6.1.2 路径基本概念 ·········· 208
6.2 路径基本操作 ··············· 209
6.2.1 创建路径 ············· 209
6.2.2 显示与隐藏锚点 ········ 211
6.2.3 转换锚点 ············· 212
6.2.4 选择与移动锚点 ········ 212
6.2.5 添加与删除锚点 ········ 213
6.2.6 选择与移动路径 ········ 213
6.2.7 存储工作路径 ·········· 214
6.2.8 删除路径 ············· 215
6.2.9 显示与隐藏路径 ········ 215
6.2.10 重命名已存储的路径 ··· 215
6.2.11 复制路径 ············· 215
6.2.12 描边路径 ············· 216
6.2.13 填充路径 ············· 217
6.2.14 路径和选区的相互转化 ··· 217
6.3 路径高级操作 ··············· 218
6.3.1 文字沿路径排列 ········ 218

6.3.2 文字转换为路径 ·········· 219
6.3.3 路径运算 ·············· 220
6.3.4 子路径的对齐与分布 ······ 221
6.3.5 变换路径 ·············· 221
6.4 案例 ···················· 222
6.4.1 路径描边制作邮票 ········ 222
6.4.2 移花接木 ·············· 223
6.4.3 制作翻页卡片 ·········· 225
小结 ························ 229
习题 ························ 229

第7章 蒙版 ···················· 232

7.1 蒙版概述 ················ 233
7.2 快速蒙版 ················ 233
7.2.1 使用快速蒙版编辑选区 ···· 233
7.2.2 修改快速蒙版参数 ········ 235
7.3 剪贴蒙版 ················ 236
7.3.1 创建剪贴蒙版 ·········· 236
7.3.2 释放剪贴蒙版 ·········· 238
7.4 图层蒙版 ················ 238
7.4.1 图层蒙版基本操作 ········ 239
7.4.2 图层蒙版应用案例 ········ 242
7.5 矢量蒙版 ················ 249
7.6 与蒙版相关的图层：调整层与
填充层 ·················· 250
7.6.1 调整层 ·············· 250
7.6.2 填充层 ·············· 252
小结 ························ 253
习题 ························ 253

第8章 通道 ···················· 258

8.1 通道原理与工作方式 ········ 259
8.1.1 通道概述 ············ 259
8.1.2 颜色通道 ············ 260
8.1.3 Alpha 通道 ·········· 262
8.1.4 专色通道 ············ 263
8.2 通道基本操作 ············ 265
8.2.1 选择通道 ············ 265
8.2.2 通道的显示与隐藏 ······ 265
8.2.3 将颜色通道显示为彩色 ·· 266

8.2.4 创建 Alpha 通道 ········ 266
8.2.5 重命名 Alpha 通道 ······ 268
8.2.6 复制通道 ·············· 268
8.2.7 删除通道 ·············· 268
8.2.8 替换通道 ·············· 269
8.2.9 存储选区 ·············· 270
8.2.10 载入选区 ············ 271
8.2.11 分离与合并通道 ········ 271
8.3 通道应用案例 ············ 273
8.3.1 通道抠图——抠选透明对象与
细微的对象 ·········· 273
8.3.2 通道抠图——抠选婚纱 ···· 276
8.4 通道高级应用 ············ 279
8.4.1 【应用图像】命令的使用 ··· 279
8.4.2 【计算】命令的使用 ······ 282
小结 ························ 283
习题 ························ 284

第9章 动作 ···················· 288

9.1 动作概述 ················ 289
9.2 动作基本操作 ············ 289
9.2.1 新建动作组 ············ 289
9.2.2 新建和录制动作 ········ 289
9.2.3 播放动作 ············ 290
9.2.4 设置回放选项 ·········· 290
9.2.5 在动作中插入新的命令 ···· 290
9.2.6 复制动作 ············ 291
9.2.7 删除动作 ············ 291
9.2.8 在动作中插入菜单项目 ···· 291
9.2.9 在动作中插入停止命令 ···· 292
9.2.10 设置对话控制 ·········· 292
9.2.11 更改动作名称 ·········· 293
9.2.12 保存动作组 ·········· 293
9.2.13 载入动作 ············ 293
9.3 动作应用案例 ············ 294
9.3.1 制作玻璃镜框 ·········· 294
9.3.2 操作的自动化 ·········· 299
9.3.3 制作逐帧动画"下雨了" ··· 301
小结 ························ 304
习题 ························ 304

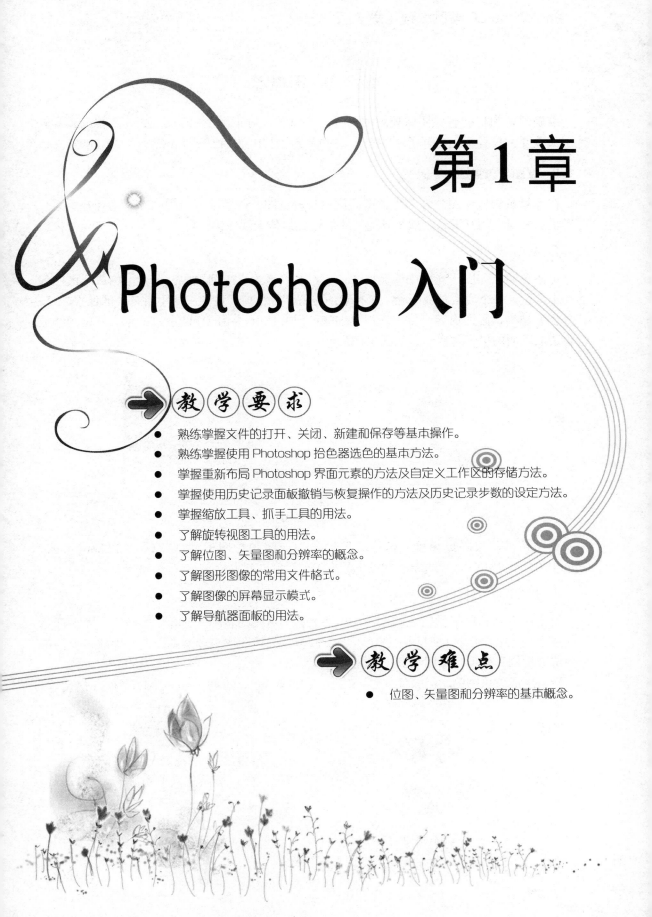

第1章

Photoshop 入门

教学要求

- 熟练掌握文件的打开、关闭、新建和保存等基本操作。
- 熟练掌握使用 Photoshop 拾色器选色的基本方法。
- 掌握重新布局 Photoshop 界面元素的方法及自定义工作区的存储方法。
- 掌握使用历史记录面板撤销与恢复操作的方法及历史记录步数的设定方法。
- 掌握缩放工具、抓手工具的用法。
- 了解旋转视图工具的用法。
- 了解位图、矢量图和分辨率的概念。
- 了解图形图像的常用文件格式。
- 了解图像的屏幕显示模式。
- 了解导航器面板的用法。

教学难点

- 位图、矢量图和分辨率的基本概念。

1.1　重 要 概 念

准确理解和把握有关图像处理的一些基本概念，对正确使用 Photoshop 及相关工具软件至关重要。只有真正理解了这些概念，才能在设计中将自己的创意更好地表现出来。

1.1.1　位图与矢量图

在计算机领域，图分为两种类型：位图与矢量图。在实际应用中，二者为互补关系，各有优势。只有相互配合，取长补短，才能达到最佳表现效果。

1.　位图

位图也叫点阵图、光栅图或栅格图，由一系列像素点阵列组成。像素是构成位图图像的基本单位，每个像素都被分配一个特定的位置和颜色值。位图图像中所包含的像素越多，其分辨率越高，画面内容可以表现得更细腻；但文件所占用的存储量也就越大。位图缩放时将造成画面的模糊与变形，如图 1.1 所示。

(a) 原图　　　　　　　　　　　　　　(b) 放大后的局部

图 1.1　位图

数码相机、数码摄相机、扫描仪等设备和一些图形图像处理软件（如 Photoshop、Corel PHOTO-PAINT、Windows 的绘图程序等）都可以产生位图。

2.　矢量图

矢量图就是利用矢量描述的图，图中各元素（这些元素称为对象）的形状、大小都是借助数学公式表示的，同时调用调色板表现色彩。矢量图形与分辨率无关，缩放多少倍都不会造成模糊和变形，如图 1.2 所示。

能够生成矢量图的常用软件有 CorelDraw、Illustrator、Flash、AutoCAD、3DS MAX 等。

(a) 原图　　　　　　　　　　　　　　(b) 放大后的局部

图 1.2　矢量图

一般而言，矢量图所占用的存储空间较小，而位图文件则较大。位图图像擅长表现细腻柔和、过渡自然的色彩，内容更趋真实，如风景照、人物照等。矢量图比较容易对画面中的对象进行选择、移动、缩放、旋转和扭曲等变换，更适合进行各种图形设计 (字体设计、图案设计、标志设计、服装设计等)。

1.1.2　分辨率

1. 图像分辨率

图像分辨率指图像每单位长度上的像素点数。单位通常采用 Pixels/Inch(像素 / 英寸，常缩写为 ppi) 或 Pixels/cm(像素 / 厘米) 等。图像分辨率的高低反映的是图像中存储信息的多少，分辨率越高，图像质量越好。

2. 显示器分辨率

显示器分辨率指显示器每单位长度上能够显示的像素点数，通常以点 / 英寸 (dpi) 为单位。此处的 "点" 指像素点。显示器的分辨率取决于显示器的大小及显示区域的像素设置，通常为 96dpi 或 72dpi。

理解了显示器分辨率和图像分辨率的概念，就可以解释图像在屏幕上的显示尺寸为什么常常不等于其打印尺寸。图像在屏幕上显示时，图像中的像素将转化为显示器像素。因此，当图像分辨率高于显示器分辨率时，图像的屏幕显示尺寸将大于其打印尺寸。

3. 打印分辨率

打印分辨率指打印机每单位长度上能够产生的墨点数，通常以点 / 英寸（dpi）为单位。此处的 "点" 指墨点。Dots/Inch 常缩写为 dpi。一般激光打印机的分辨率为 600 ～ 1200dpi；多数喷墨打印机的分辨率为 300 ～ 720dpi。

4. 扫描分辨率

扫描仪在扫描图像时，将源图像划分为大量的网格，然后在每一网格里取一个样本点，以其颜色值表示该网格内所有点的颜色值。按上述方法在源图像每单位长度上能够取到的样本点数，称为扫描分辨率，通常以 Dots/Inch(点 / 英寸) 为单位。可见，扫描分辨率越高，扫描得到的数字图像的质量越好。扫描仪的分辨率有光学分辨率和输出分辨率两种，购买时主要考虑的是光学分辨率。

5. 位分辨率

字节 (byte) 是计算机存储的基本单位，一个字节由 8 个二进制位 (bit) 组成。位分辨率指计算机采用多少个二进制位表示像素点的颜色值，也称位深。位分辨率越高，能够表示的颜色种类越多，图像色彩越丰富。

对于 RGB 图像来说，24 位 (红、绿、蓝三种原色各 8 位，能够表示 2^{24} 种颜色) 以上称为真彩色，自然界里肉眼能够分辨出的各种色光的颜色都可以表示出来。

1.1.3　图像文件格式

一般来说，不同的图像压缩编码方式决定数字图像的不同文件格式。了解不同的图像文件格式，对于选择有效的方式保存图像，提高图像质量，具有重要意义。

1．PSD 格式

PSD 格式是 Photoshop 的基本文件格式，能够存储图层、通道、蒙版、路径和颜色模式等各种图像信息，是一种非压缩的原始文件格式。PSD 文件容量非常大，但由于可以保留所有的原始信息，对于尚未编辑完成的图像，用 PSD 格式保存是最佳的选择。

2．JPEG(JPG) 格式

JPEG(JPG) 格式是目前广泛使用的位图图像格式之一，属有损压缩，压缩率较高，文件容量小，但图像质量较高。该格式支持 24 位真彩色，适合保存色彩丰富、内容细腻的图像，如人物照、风景照等。JPEG(JPG) 是目前网上主流图像格式之一。

3．GIF 格式

GIF 格式是无损压缩格式，分静态和动态两种，是当前广泛使用的位图图像格式之一，最多支持 8 位即 256 种彩色，适合保存色彩和线条比较简单的图像如卡通画、漫画等 (该类图像保存成 GIF 格式将使数据量得到有效压缩，而且图像质量无明显损失)。GIF 图像支持透明色，支持颜色交错技术，是目前网上主流图像格式之一。

4．PNG 格式

PNG 是可移植网络图形图像 (Portable Network Graphic) 的缩写，是专门针对网络使用而开发的一种无损压缩图形图像格式。PNG 格式支持透明色，但与 GIF 格式不同的是，PNG 格式支持矢量元素，支持的颜色数多达 32 位，支持消除锯齿边缘的功能，因此可以在不失真的情况下压缩保存图形图像；PNG 格式还支持 1 ～ 16 位的图像 Alpha 通道。PNG 格式的发展前景非常广阔，被认为是未来 Web 图形图像的主流格式。

常见的图形图像文件格式还有 BMP、TIFF、WMF、PCX、PDF、DWG、AI、CDR、MAX 格式等。

1.2　初识 Photoshop

Photoshop 是美国 Adobe 公司推出的专业的图形图像处理软件，广泛应用于影像后期处理、平面设计、数字相片修饰、Web 图形制作、多媒体产品设计等领域，是同类软件中当之无愧的图像处理大师。

Photoshop CC(Creative Cloud) 是 Adobe 公司于 2013 年 7 月推出的 Photoshop 新版本。在 Photoshop CS6 的基础上，Photoshop CC 增加了相机防抖动、CameraRAW 功能改进、图像提升采样、属性面板改进及 Behance 集成等功能。

1.2.1　熟悉工作界面

启动 Photoshop CC 简体中文版，其界面如图 1.3 所示。

图 1.3　Photoshop CC 简体中文版界面

根据不同用户的需要，Photoshop CC 提供了基本功能 (默认)、新增功能、动感、绘画、摄影和排版规则等多种窗口界面模式。用户可以通过【窗口】|【工作区】命令组或选项栏右侧的"选择工作区"下拉菜单实现不同界面模式的切换。

1．选项栏

选项栏主要用于设置当前工具的基本参数，因此其显示内容随所选工具的不同而变化。

2．工具箱

工具箱汇集了 Photoshop 的基本工具及选色、图像编辑模式等按钮。光标移到工具或按钮上停顿片刻，将弹出工具名称提示框。若某个工具按钮的右下角有一个黑色三角标志，则表示此处还隐藏着其他工具，在该工具按钮上右击或按下左键不松开，停顿片刻，将展开隐藏的工具供用户选取。

3．浮动面板

浮动面板是 Photoshop 的重要组成部分。各浮动面板允许随意组合，形成多个面板组。通过【窗口】菜单可以控制各浮动面板的显示与隐藏。

(1)【导航器】面板：用于精确调整图像的显示比例，并在预览窗的帮助下迅速而准确地查看图像的不同区域。

(2)【历史记录】面板：用于撤销或恢复用户对图像的操作。

(3)【图层】面板：用于对图层进行有效的组织和管理 (详见第 4 章)。

(4)【路径】面板：用于对路径和矢量蒙版进行有效的组织和管理 (详见第 6 章)。

(5)【通道】面板：用于对通道进行有效的组织和管理 (详见第 8 章)。

(6)【动作】面板：用于对动作进行有效的组织和管理 (详见第 9 章)。

(7)【字符】面板与【段落】面板：用于详细设置字符或段落的格式。

此外，还有【信息】面板、【直方图】面板、【颜色】面板、【色板】面板、【样式】面板等。

1.2.2 自定义工作区

用户可以根据自己的需要，通过面板的显示与隐藏、展开与折叠等操作自定义工作区（以下操作仅供参考，读者可根据自己的情况进行工作区布局）。

(1) 启动 Photoshop CC，打开程序窗口。如果不是基本功能界面模式，可从"选择工作区"下拉菜单中选择【基本功能】命令，切换到基本功能界面模式。

(2) 从"选择工作区"下拉菜单中选择【复位基本功能】命令，将窗口界面恢复到默认的基本功能界面模式。

(3) 单击工具箱顶部的 按钮，将工具箱由单列布局格式转换为双列布局格式，如图 1.4 所示。再次单击工具箱顶部的 按钮，使工具箱重新返回单列布局格式。

(4) 单击【颜色】面板右上角的 按钮，从打开的面板菜单中选择【关闭选项卡组】命令，以关闭【颜色】面板组。用同样的方法关闭【调整】面板组。

(5) 选择菜单命令【窗口】|【导航器】，显示【导航器】面板，如图 1.5 所示。

图 1.4　工具箱的双列布局格式　　　　图 1.5　展开【导航器】面板

(6) 单击【直方图】面板标签切换到【直方图】面板，单击面板右上角的 按钮，从打开的面板菜单中选择【关闭】命令，关闭【直方图】面板。

(7) 单击【导航器】面板右上角的 按钮，将展开的面板折叠成缩略图形式 （附着在【历史记录】面板缩略图 的下方），如图 1.6 所示。

(8) 将【历史记录】面板缩略图拖动到【导航器】面板缩略图的下边缘，松开按键，结果两缩略图的上下排序发生变化。

(9) 拖动【图层】面板标签至【历史记录】面板缩略图 的下边缘，松开按键，结果【图层】面板也转换为缩略图形式 ，邻接在【历史记录】面板缩略图的下方，如图 1.7 所示。

图 1.6　折叠【导航器】面板　　　　图 1.7　排列面板缩略图

(10) 通过类似的操作将【路径】面板缩略图□和【通道】面板缩略图●依次邻接在【历史记录】面板缩略图的下方。此时整列面板缩略图自动吸附到 Photoshop 窗口的右边缘 (这样可获得更大的工作空间)。

(11) 选择菜单命令【窗口】|【动作】，显示【动作】面板。通过拖动面板标签将【动作】面板缩略图▶邻接在【通道】面板缩略图的下方 (此时若有面板展开，将其折叠起来)。

(12) 选择菜单命令【窗口】|【工作区】|【新建工作区】，打开【新建工作区】对话框。输入名称 "myWorkspace"，单击【存储】按钮。此时自定义工作区 myWorkspace 的名称已经出现在 "选择工作区" 下拉菜单中，如图 1.8 所示。

图 1.8　自定义工作区的最终布局

上述自定义工作区右侧显示的大多数面板缩略图，是本书后面各章节陆续要用到的且使用频率较高的面板。当用到其中某个面板时，单击缩略图展开面板；用完之后再折叠起来。对于自定义工作区中缩略图未显示的面板 (用得较少)，可选择【窗口】菜单中的相应命令打开，用完之后再将其关闭。当工作区布局比较散乱时，可通过选择菜单命令【窗口】|【工作区】|【复位 myWorkspace】复位自定义工作区。

1.3　Photoshop 基本操作

1.3.1　图像浏览

图像浏览操作包括图像缩放、图像拖移、设置屏幕显示模式等，牵涉的工具有缩放工具、抓手工具、旋转视图工具、导航器面板和屏幕显示模式按钮等。

1. 缩放工具 🔍

缩放工具用于缩放图像的显示尺寸，改变图像的显示比例。其选项栏参数如下。

(1) 🔍按钮：放大按钮。选中该按钮，在图像窗口中每单击一次，图像以一定比例放大。该选项为默认选项。

（2）按钮：缩小按钮。选中该按钮，在图像窗口中每单击一次，图像以一定比例缩小。

（3）【调整窗口大小以满屏显示】：选中该项，当缩放图像时，图像窗口将适应图像的大小一起缩放。

（4）【缩放所有窗口】：打开多幅图像时，选中该项，可使用缩放工具缩放所有图像。

（5）【细微缩放】：选中该项，在图像窗口中向左拖动光标，可动态缩小图像；向右拖动光标，可动态放大图像。

（6）【100%】：单击该按钮，当前图像以实际像素大小 (100% 的比例) 显示。

（7）【适合屏幕】：单击该按钮，当前图像在工作区中以最大比例显示全部内容。

（8）【填充屏幕】：单击该按钮，当前图像充满整个工作区。

提示

选择 🔍 按钮时，按住 Alt 键不放，可切换到 🔍 按钮；选择 🔍 按钮时，按住 Alt 键不放，可切换到 🔍 按钮。

2. 抓手工具 🖐

当图像窗口出现滚动条时，可用抓手工具拖移图像，以查看被隐藏的图像。其选项栏参数如下。

【滚动所有窗口】：当打开多幅图像时，选中该项，可使用抓手工具拖移所有存在滚动条的窗口中的图像。

其他参数与缩放工具的相同。

重要提示

①在工具箱上双击【缩放工具】，图像以 100% 的比例显示。双击【抓手工具】，图像以"适合屏幕"方式显示。

②在使用其他工具时，按空格键不放，可切换到【抓手工具】；松开空格键，重新切换回原来工具。

③使用放大工具 🔍 在图像上拖移，框选局部图像 (图 1.9)，可使该部分图像放大到整个图像窗口显示。

图 1.9　框选放大局部图像

3. 旋转视图工具 🔄

旋转视图工具是 Photoshop CC 的新增工具，位于抓手工具组，用于在浏览或编辑图像

【参考图文】

时改变画布的视角，以方便查看或处理。

在工具箱上选择旋转视图工具，在图像窗口沿顺时针或逆时针方向拖动光标即可随意改变画布的视角。在操作过程中，图像窗口中央会显示一个罗盘标志，以指示旋转的方向，如图1.10所示。

图1.10　旋转视图工具用法示意图

(1)【旋转角度】：用于显示画布旋转的角度 (顺时针为正值，逆时针为负值)，也可在该数值框中直接输入数值，按 Enter 键精确改变画布的视角。

(2)【复位视图】：在使用旋转视图工具旋转画布后，单击该按钮或按 Esc 键可撤销画布的旋转。

(3)【旋转所有窗口】：用于同时改变所有已打开图像的视角。

提示

①选择菜单命令【编辑】|【首选项】|【性能】，在打开的对话框的右下角有一个【使用图形处理器】复选框。要想使旋转视图工具有效，必须在打开图像前选择该选项 (默认是选中的)。

②若图像的显示画面较小，使用旋转视图工具旋转画布时，不会显示罗盘标志。

4.　导航器面板

导航器面板如图1.11所示，各组成元素的作用如下。

图1.11　导航器面板

(1) 图像预览区与红色方框：图像预览区显示完整的图像预览图。红色方框内标出当前图像窗口中显示的内容。当图像窗口出现滚动条时，在图像预览区拖移红色方框，可以查看图像的任何部分 (特别是被隐藏的部分)。

(2) 放大按钮：单击该按钮，图像显示比例放大一级。

(3) 缩小按钮：单击该按钮，图像显示比例缩小一级。

(4) 缩放滑块：向左拖移滑块，图像缩小；向右拖移滑块，图像放大。

(5) 图像比例显示框：在框内输入一定的百分比数值，按 Enter 键，可以精确地改变图像的显示比例。

5. 屏幕显示模式

Photoshop 的屏幕显示模式包括标准屏幕模式、带有菜单栏的全屏模式和全屏模式 3 种，如图 1.12(a) ～图 1.12(c) 所示。默认显示模式为标准屏幕模式。

在工具箱底部单击或右击【更改屏幕模式】按钮 □，从弹出菜单中可以选择不同的屏幕模式。当选择【全屏模式】时，弹出信息提示框，如图 1.12(d) 所示。单击【全屏】按钮，可切换到全屏模式。

在全屏模式下，按 Esc 键，可返回标准屏幕模式。

(a) 标准屏幕模式

(b) 带有菜单栏的全屏模式

(c) 全屏模式

(d) 信息提示框

图 1.12　图像的屏幕显示模式

1.3.2 选取颜色

Photoshop 的选色工具包括工具箱底部的选色按钮 (图 1.13)、颜色面板和色板面板。下面重点介绍 Photoshop 选色按钮的使用。

默认前景色和背景色 ——————— 切换前景色和背景色

设置前景色 ——————— 设置背景色

图 1.13　Photoshop 选色按钮

①【设置前景色】按钮：用于设置前景的颜色。

②【设置背景色】按钮：用于设置背景的颜色。

③【默认前景色和背景色】按钮：单击该按钮，可将前景色和背景色设置为系统默认的黑色与白色。

④【切换前景色与背景色】按钮：单击该按钮，可使前景色与背景色交换。

使用 Photoshop 的选色按钮设置前景色或背景色的一般方法如下。

(1) 单击【设置前景色】或【设置背景色】按钮，打开【拾色器】对话框，如图 1.14 所示。

选色点　　　　　　　　原来的颜色 新选取的颜色

溢色警告
非Web安全色警告

颜色值的多种表示模式

Web安全色选项　　　选色区域　　　光谱条　　　颜色值的十六进制表示

图 1.14　【拾色器】对话框

(2) 在光谱条上单击，或上下拖移白色三角滑块，选择某种色相。

(3) 在选色区某位置单击 (进一步确定颜色的亮度和饱和度)，确定最终要选取的颜色。

(4) 单击【确定】按钮，颜色选择完毕，【设置前景色】或【设置背景色】按钮上指示出上述选取的颜色。

每种颜色都有一定的颜色值。借助【拾色器】对话框可使用以下方法之一精确选取某种颜色。

(1) 在【拾色器】对话框中，不选择【只有 Web 颜色】复选框，否则多数颜色取不到。

(2) 在对话框右下角，RGB、CMYK、HSB 与 Lab 表示不同的颜色模式 (详见第 3 章)。直接将数值输入上述某种颜色模式的各分量数值框中，单击【确定】按钮。

(3) 在【颜色值的十六进制表示】框中，输入颜色的十六进制数值，单击【确定】按钮。

当【拾色器】对话框中出现"溢色警告"图标时，表示当前选取的颜色无法正确打印。单击该图标，Photoshop 用一种相近的、能够正常打印的颜色取代当前选色。

在【拾色器】对话框中，若选中【只有 Web 颜色】复选框 (图 1.15)，选色区域被分割成很多区块，每个区块中任一点的颜色都是相同的。这时通过【拾色器】对话框仅能选取 216 种颜色，这些颜色都能在浏览器上正常显示，称为网络安全色。

1.3.3 文件基本操作

1. 新建文件

选择菜单命令【文件】|【新建】或按 Ctrl+N 组合键，打开【新建】对话框，如图 1.16 所示。

图 1.15　选择 Web 安全色　　　　图 1.16　【新建】对话框

(1) 名称：输入新建图像的文件名。此处采用默认值。

(2) 预设：使用预设方案新建图像。

提示

　　【预设】下拉列表的底部列出的是 Photoshop 窗口中当前打开的图像的文件名 (包括存储位置)。选择某个文件名，所建立的新文件的宽度、高度和分辨率等参数将与该文件一致。

(3) 宽度与高度：设置新建图像的宽度与高度值。此处设置宽度为 400 像素，高度为 300 像素。

重要提示

　　设置图像的宽度和高度时，一定要注意单位的选择。千万不要出现 400 厘米之类的尺寸 (Photoshop 处理这么大的图像时速度会很慢)。

(4) 分辨率：设置新建图像的图像分辨率。此处采用默认值 72 像素 / 英寸。

(5) 颜色模式：选择新建图像的颜色模式 (关于颜色模式，详见第 3 章)。本例采用默认值 RGB 颜色模式 (8 位)。

提示

　　如果所创建的图像用于网页显示，一般应选择 RGB 模式，分辨率选用 72 像素 / 英寸或 96 像素 / 英寸。若用于实际印刷，颜色模式应采用 CMYK，分辨率则应视情况而定。书籍封面、招贴画要使用 300 像素 / 英寸左右的分辨率，而更高质量的纸张印刷可采用 350 像素 / 英寸以上的分辨率。

　　(6) 背景内容：选择新建图像的背景色。此处选择【白色】。另外还有【透明】和【背景色】两种选择。默认设置下，Photoshop 采用灰白相间的方格图案代表透明色。背景色指工具箱上【设置背景色】按钮所表示的颜色。

　　单击【高级】选项左侧的圆形按钮，显示或隐藏对话框的高级选项区域。

　　(7) 颜色配置文件：选择新建图像的色彩配置方式。此处采用默认值。

　　(8) 像素长宽比：选择新建图像的像素长宽比例。此处采用默认值。

 提示

　　像素 (picture element，pixel) 是构成位图图像的最小单位。像素具有位置和位深 (颜色深度) 两个基本属性。除了一些特殊标准外，像素都是正方形的。由于图像由方形像素组成，所以图像必须是方形的。

　　设置好上述参数，单击【确定】按钮，新文件创建完成。

　　2. 编辑文件

　　(1) 在工具箱上将前景色设置为纯蓝色 (#0000FF)，背景色设置为白色。

　　(2) 选择菜单命令【滤镜】|【渲染】|【云彩】，使图像上产生蓝天白云效果。

　　(3) 选择横排文字工具 T，在选项栏上设置文字属性：华文中宋，白色，60 点。

　　(4) 在蓝天白云图像上单击确定插入点，输入文字"蓝天白云"。在选项栏右侧单击【提交】按钮✔，结束文字输入。

　　(5) 在工具箱的顶部选择移动工具▸╋，将文字移动到图像窗口的中央位置，如图 1.17所示。

　　3. 保存文件

　　选择菜单命令【文件】|【存储】，打开【另存为】对话框。选择存储位置，并在【文件名】文本框中输入文件主名"蓝天白云"，在【格式】列表中选择 Photoshop(*.PSD；*.PDD) 格式，单击【保存】按钮 (若弹出【Photoshop 格式选项】对话框，单击【确定】按钮即可)。这样可将 PSD 格式的源文件保存在指定位置。

　　选择菜单命令【文件】|【存储为】，重新打开【另存为】对话框。选择 JPEG(*.JPG；*.JPEG；*.JPE) 格式 (其他选项保持不变)，单击【保存】按钮，弹出如图 1.18 所示的【JPEG选项】对话框。

　　1)【图像选项】栏

　　为了确定不同用途的图像的存储质量，可从【品质】下拉列表中选择优化选项 (低、中、高、最佳)；或左右拖动【品质】滑块；或在【品质】文本框中输入数值 (1 ～ 4 为低，5 ～ 7 为中，8 ～ 9 为高，10 ～ 12 为最佳)。品质越高，文件占用的存储空间越大。此处选择【最佳】品质。

图 1.17　图像"蓝天白云"　　　　　　　图 1.18　【JPEG　选项】对话框

提示

在制作 Web 图像时，最好选用菜单命令【文件】|【存储为 Web 和设备所用格式】存储图像，以便根据情况对图像进行必要的优化和压缩处理。

2)【格式选项】栏

(1)【基线（"标准"）】：使用大多数 Web 浏览器都识别的格式。

(2)【基线已优化】：获得优化的颜色和稍小的文件存储空间。

(3)【连续】：在图像下载过程中显示一系列越来越详细的扫描效果（可以指定扫描次数）。

并不是所有 Web 浏览器都支持"基线已优化"和"连续"的 JPEG 图像。

此处在【格式选项】栏采用默认设置。单击【确定】按钮，将 JPEG 图像保存在与 PSD 源文件相同的位置。

图 1.19　【历史记录】面板

1.3.4　操作的撤销与恢复

撤销与恢复操作的方法有两种。

(1) 选择【编辑】菜单中的【前进一步】（组合键 Shift+Ctrl+Z）、【后退一步】（组合键 Alt+Ctrl+Z）、【重做】、【还原】命令。

(2) 使用【历史记录】面板。

下面重点介绍【历史记录】面板（图 1.19) 的基本用法。

1．撤销与恢复操作

在"操作记录"区，向前单击某一条记录，可撤销该项记录后面的所有操作；向后单击某一条记录，可恢复该项记录及其前面的所有操作。

选择某一条操作记录，单击【删除当前状态】按钮🗑，在弹出的警告框中单击【是】按钮，默认设置下将撤销并删除该项记录及其后面的所有操作记录。

重要提示

　　单击【历史记录】面板右上角的【面板菜单】按钮，在弹出的面板菜单中选择【历史记录选项】命令，打开【历史记录选项】对话框，选用其中的【允许非线性历史记录】复选框，可单独删除【历史记录】面板中某一条记录，而不影响后面的操作记录。

　　2．设置历史记录步数

　　选择菜单命令【编辑】|【首选项】|【性能】，打开【首选项】对话框，通过其中的"历史记录状态"选项，可以修改历史记录的撤销与恢复步数。在 Photoshop CC 中，历史记录面板最多可记录 1000 步操作。

　　3．创建快照

　　"快照"可将某个特定历史记录状态下的图像内容暂时存放于内存中。即使相关操作由于被撤销、删除或其他原因已经不存在了，"快照"依旧存在。因此，使用"快照"能够有效地恢复图像。

　　单击【历史记录】面板右下角的【创建新快照】按钮 📷，可为当前历史记录状态下的图像内容创建快照。【删除当前状态】按钮 🗑 也可用于删除快照。

1.4　案　　例

　　掌握 Photoshop 软件并不是一件很容易的事；但是"万丈高楼平地起"，只要从基础操作开始学习，一步一个脚印地坚持下去，过不了多久，肯定能够迈入 Photoshop 的神圣殿堂。下面，就从简单的例子开始学习吧！

1.4.1　美丽的新娘

　　1．案例说明

　　"蒹葭苍苍，白露为霜。所谓伊人，在水一方。"是距离之遥造就了朦胧之美。案例"最美丽的新娘"通过颜色选取和径向渐变工具，制作一幅具有朦胧美的图像。

　　2．操作步骤

　　(1) 打开图像"第 1 章素材 \ 婚纱 .jpg"。单击【图层】面板右下角的【创建新图层】按钮 🔲，新建图层 1，如图 1.20 所示。

图 1.20　创建新图层

(2) 将前景色设置为纯红色 (#ff0000)。

(3) 在工具箱上单击选择【渐变工具】 ，选项栏设置如图 1.21 所示。

图 1.21　设置渐变工具的选项栏参数

【参考图文】

(4) 由图像中的 A 点向 B 点拖动光标 (图 1.22)，创建渐变，渐变效果如图 1.23 所示。

(5) 将操作结果分别以 PSD 格式和 JPEG 格式 (选择"最佳"品质) 存储起来，文件主名为"美丽的新娘"。

图 1.22　创建渐变

图 1.23　渐变效果

重要提示

希望读者提前预习第 4 章图层基本概念和图层基础操作的相关内容 (选择图层、新建图层、删除图层、复制图层等)，这对案例中操作的理解会有不少帮助。

1.4.2　把灯点亮

1. 案例说明

夜幕降临，可以使用"镜头光晕"滤镜将路灯"点亮"，为那些夜归的人们指引方向。

2. 操作步骤

(1) 打开图像"第 1 章素材 \ 黄昏 .jpg"。

(2) 选择菜单命令【滤镜】|【渲染】|【镜头光晕】，打开【镜头光晕】对话框。在滤镜效果预览区单击或拖动光标将光晕中心定位于顶端的灯泡上，通过拖移【亮度】滑块将光晕的强度设置为 100，并选择第一种镜头类型，如图 1.24(a) 所示，单击【确定】按钮，图像效果如图 1.24(b) 所示。

(a) 设置滤镜参数　　　　　　　　　(b) 滤镜效果

图 1.24　添加第一次滤镜效果

(3) 通过选择菜单命令【滤镜】|【渲染】|【镜头光晕】，在图像上添加第二次镜头光晕滤镜 (光晕中心定位于左侧灯泡上，亮度 100，镜头类型选择第一种)，如图 1.25 所示。

图 1.25　添加第二次滤镜效果

(4) 同样在图像上添加第三次镜头光晕滤镜 (光晕中心定位于右侧灯泡上，其他参数保持不变)，图像最终效果如图 1.26 所示。

【参考图文】

图 1.26　最终效果

(5) 将操作结果以 JPEG 格式保存起来，文件名为"把灯点亮"。

1.4.3 雨的印记

1. 案例说明

Kiss the rain(雨的印记 / 吻雨) 是一首经典的轻钢琴曲，曲调优美动人。下面使用 Photoshop 的文字工具、图层复制等基本操作和富有诗意的图片素材，设计一幅意境非常好的作品。该作品的名字也叫"雨的印记"。

【视频操作】

2. 操作步骤

(1) 打开"第 1 章素材"文件夹下的"雨后 .jpg"和"昆虫 .psd"。

(2) 选择【窗口】|【排列】|【使所有内容在窗口中浮动】命令，将所有素材图像窗口由选项卡模式转换为浮动模式。

(3) 拖动图像"昆虫 .psd"的标题栏，使其窗口与"雨后 .jpg"的窗口错位排列。在【图层】面板上，将（"昆虫 .psd"的）"昆虫"层缩览图拖移到图像"雨后 .jpg"的窗口中，如图 1.27 所示。此时，"昆虫"层中的图像被复制到"雨后 .jpg"中（"雨后 .jpg"自动变成当前图像），如图 1.28 所示。

图 1.27　在不同图像之间复制图层

图 1.28　"雨后 .jpg"中自动生成的新图层

(4) 选择菜单命令【编辑】|【变换】|【水平翻转】，将图中"小虫"左右镜像。

(5) 选择菜单命令【编辑】|【自由变换】(或按 Ctrl+T 组合键)，"小虫"的周围出现自由变换控制框。

(6) 按住 Shift 键不放，使用光标向内拖移控制框四个角上的任意一个控制块 (图 1.29)，适当成比例缩小"小虫"。

(7) 将光标放置在变换控制框的外面，当光标变成弯曲的双向箭头 (图 1.30) 时，按住左键顺时针拖移控制框，将"小虫"旋转到适当角度，按 Enter 键确认变换。

图 1.29　缩小"小虫"　　　　　　　　图 1.30　旋转"小虫"

(8) 在工具箱上选择移动工具▶╋，将"小虫"移动到合适的位置，如图 1.31 所示。

图 1.31　移动"小虫"

(9) 使用横排文字工具在图像中创建文本"雨の印记"(此时自动生成文本图层)。为了增强艺术效果，将"雨"的字号设置大一些，如图 1.32 所示。

(10) 将操作结果分别以 PSD 和 JPG 格式保存起来，文件名为"雨的印记"。

(11) 关闭所有图像窗口，不保存修改。退出 Photoshop 程序窗口。

图 1.32　创建文本

小　　结

　　本章主要讲述了有关图形图像处理的一些基本概念，Photoshop 窗口组成和基本操作。通过一些简单而有趣的案例，一方面使得本章的理论部分学有所用，让读者初步适应 Photoshop 的图像处理环境；另一方面激发读者对该软件的浓厚兴趣，为后面各章的学习做好准备。

　　本章 (包括后面习题中的操作题部分) 提前用到的超出本章理论范围的知识点如下。

　　(1) 图层概念与基础操作 (参照第 4 章相关内容，希望读者尽快熟悉这部分内容)。

　　(2) 图层的缩放、旋转与移动 (非常重要的操作，重点掌握，后面还要多次用到)。

　　(3) 图层模式 (参照第 4 章相关部分，暂做了解，无需掌握)。

　　(4) 渐变工具的使用 (参照第 2 章相关内容，暂做了解，无需掌握)。

　　(5) 文字工具的使用 (参照第 2 章相关内容，暂做了解，无需掌握)。

　　(6) 油漆桶工具填充单色 (参照第 2 章相关内容，可提前掌握，后面还要多次用到)。

　　(7) 云彩滤镜、镜头光晕滤镜、半调图案滤镜的使用 (参照第 5 章相关内容，暂做了解，无需掌握)。

习　　题

一、选择题

　　1．Photoshop 是由美国的 _____ 公司出品的一款功能强大的图形图像处理软件。

　　　　A．Corel　　　　　B．Macromedia　　　　　C．Microsoft　　　　　D．Adobe

　　2．Photoshop 的功能非常强大，使用它处理的图形图像主要是 _____。

　　　　A．位图　　　　　B．剪贴画　　　　　C．矢量图　　　　　D．卡通画

　　3．下列描述不属于位图特点的是 _____。

　　　　A．由数学公式来描述图中各元素的形状和大小

B．适合表现含有大量细节的画面，比如风景照、人物照等

C．图像内容会因为放大而出现马赛克现象

D．与分辨率有关

4．位图与矢量图比较，其优越之处在于 _____。

A．对图像放大或缩小，图像内容不会出现模糊现象

B．容易对画面上的对象进行移动、缩放、旋转和扭曲等变换

C．适合表现含有大量细节的画面

D．一般来说，位图文件比矢量图文件要小

5．"目前广泛使用的位图图像格式之一；属有损压缩，压缩率较高，文件容量小，但图像质量较高；支持真彩色，适合保存色彩丰富、内容细腻的图像；是目前网上主流图像格式之一。"是下面 _____ 格式图像文件的特点。

A．JPEG(JPG)　B．GIF　　　　　　C．BMP　　　　　　D．PSD

6．图像分辨率的单位是 _____。

A．ppi　　　　　B．dpi　　　　　　C．pixel　　　　　D．lpi

7．如果选择了一个前面的历史记录，所有位于其后的历史记录都变成灰色显示，以下描述正确的是 _____。

A．这些变成灰色的历史记录已经被删除，但可以按 Ctrl+Z 组合键将其恢复

B．如果删除选中的历史记录，其后的历史记录都会被删除

C．应当清除这些灰色的历史记录

D．如果从当前选中的历史记录开始继续修改图像，所有其后的灰色历史记录都会被删除

8．能反映位图图像颜色丰富程度的主要指标是位图图像的 _____。

A．位分辨率　　B．图像分辨率　　　C．屏幕分辨率　　　D．输出分辨率

9．下列多媒体信息处理软件中，_____ 是专门用来处理图像的。

A．Photoshop　B．Flash　　　　　C．Authorware　　　D．Dreamweaver

二、填空题

1．图像每单位长度上的像素点数称为 _____，单位通常采用"像素 / 英寸"。

2．_____ 指计算机采用多少个二进制位表示像素点的颜色值，也称位深。

3．_____ 格式是 Photoshop 的基本文件格式，能够存储图层、通道、蒙版、路径和颜色模式等各种图像信息，是一种非压缩的原始文件格式。

4．在【拾色器】对话框中，若选中【只有 Web 颜色】复选框，通过【拾色器】对话框仅能选取 216 种颜色，都能在浏览器上正常显示。这些颜色称为 _____。

5．在计算机领域，图分为两种类型：_____ 与 _____。在实际应用中，二者为互补关系，各有优势。只有相互配合，取长补短，才能达到最佳表现效果。

6．位图也叫点阵图、光栅图或栅格图，由一系列像素点阵列组成。_____ 是构成位图图像的基本单位。

7．矢量图就是利用矢量描述的图。图中各元素的形状、大小都是借助数学公式表示的，同时调用调色板表现色彩。矢量图形与 _____ 无关，缩放多少倍都不会影响画质。

8．对于 _____ 图形，无论将其放大和缩小多少倍，图形都有一样平滑的边缘和清晰的视觉效果。

9．在 Photoshop 中，如果要保存图像的多个图层，可采用 _____ 格式存储。

三、简答题

1．什么是位图？什么是矢量图？二者的关系如何？

2．简述图像分辨率的含义。它与显示器分辨率和打印分辨率有何区别？

3．Photoshop 的主要用途有哪些？

四、操作题

1．使用缩放工具、抓手工具、【导航器】面板和【更改屏幕模式】按钮查看如图 1.33 所示的图像。

图 1.33　雨后的月季

操作提示：

(1) 启动 Photoshop。打开素材图像"练习 \ 第 1 章 \ 雨后的月季 .jpg"。

(2) 使用缩放工具将图像放大到 200%。

(3) 使用抓手工具或【导航器】面板查看被隐藏的图像。

(4) 使用【导航器】面板将图像缩小到 60%。

(5) 双击缩放工具，将图像显示比例快速切换到 100%。

(6) 在不同的屏幕显示模式下查看图像。

(7) 选择菜单命令【文件】|【关闭】，或单击图像窗口右上角的【关闭】按钮，关闭图像文件。如果浏览过程中不经意改动了图像，关闭时将出现询问是否保存改动的警告框，单击【否】按钮，不保存改动。

2. 利用"练习\第1章\艺术照.jpg"(图1.34)设计制作如图1.35所示的白色网点效果。

【视频操作】

图 1.34　原图　　　　　　　　　　图 1.35　效果图

操作提示:

(1) 将前景色设置为白色, 背景色设置为黑色。

(2) 打开素材图像, 新建图层 1, 使用油漆桶工具填充白色。

(3) 选择【滤镜】|【滤镜库】命令, 打开【滤镜库】对话框。选用【素描】滤镜组中的【半调图案】滤镜(参数设置: 大小——1, 对比度——5, 图案类型——网点), 如图 1.36 所示。

图 1.36　设置【半调图案】滤镜参数

(4) 在【图层】面板上, 将图层 1 的混合模式由"正常"改为"滤色"。

第 2 章

基本工具的使用

教学要求

- 掌握矩形选框工具、椭圆选框工具的基本用法。
- 掌握套索工具、多边形套索工具、磁性套索工具的基本用法。
- 掌握快速选择工具、魔棒工具的基本用法。
- 掌握【调整边缘】命令的使用用法。
- 掌握铅笔工具、画笔工具、历史记录画笔工具的基本用法。
- 掌握橡皮擦工具的基本用法。
- 掌握油漆桶工具、渐变工具的基本用法。
- 掌握文字工具的基本用法。
- 掌握形状工具的基本用法。
- 掌握吸管工具的基本用法。
- 掌握仿制图章工具、修补工具、污点修复画笔工具、模糊工具组、减淡工具组中各工具的基本用法。
- 掌握移动工具、裁切工具的用法。
- 掌握【选择】|【变换选区】、【编辑】|【描边】、【编辑】|【自由变换】和【编辑】|【变换】命令组的基本用法。
- 了解本章提及的其他工具和菜单命令的用法。

教学难点

- 选择工具的协同使用。
- 修图工具的协同使用。
- 自定义渐变。

2.1 选择工具的使用

在 Photoshop 中，选择工具的作用是创建选区，选择部分图像。数字图像的处理往往是局部的处理，首先需要在局部创建选区。选区创建得准确与否，直接关系到图像处理的质量。因此，选择工具在 Photoshop 中有着特别重要的地位。

Photoshop 的选择工具包括选框工具组、套索工具组和魔棒工具、快速选择工具等。

2.1.1 选框工具组

选框工具组包括矩形选框工具、椭圆选框工具、单行选框工具和单列选框工具，用于创建矩形、椭圆形等形状规则的几何选区。

1. 矩形选框工具 ▫

按下鼠标左键拖动光标，通过确定对角线的长度和方向创建矩形选区。其选项栏参数如图 2.1 所示。

图 2.1 矩形选框工具的选项栏

1) 选区运算

(1) 新选区▣：默认选项，作用是创建新的选区。若图像中已经存在选区，新创建的选区将取代原有选区。

(2) 添加到选区▣：将新创建的选区与原有选区进行加法（并集）运算。

(3) 从选区减去▣：将新创建的选区与原有选区进行减法（差集）运算。其结果是从原有选区中减去新选区与原有选区的公共部分。

(4) 与选区交叉▣：将新创建的选区与原有选区进行交集运算。其结果保留新选区与原有选区的公共部分。

2) 羽化

羽化是一个有趣而实用的参数，可用来创建渐隐的边缘过渡效果（试一试对羽化的选区进行填色），但必须在选区创建之前设置该参数才有效。

提示

羽化的实质是以创建时的选区边界为中心，以所设置的羽化值为半径，在选区边界内外形成一个渐变的选择区域。

重要提示

当羽化值较大而创建的选区较小时，由于选框无法显示（选区还是存在的），将弹出如图 2.2 所示的警告框。除非特殊需要，一般应在单击【确定】按钮后取消选区（按 Ctrl+D 组合键），并设置合适的羽化值，重新创建选区。

图 2.2　选区强度较弱警告框

3) 消除锯齿

消除锯齿作用是平滑选区的边缘。在选择工具中，该选项仅对椭圆选框工具、套索工具组和魔棒工具有效。

4) 样式

(1) 正常：默认选项，通过拖动光标随意指定选区的大小。

(2) 固定比例：通过拖动光标按指定的长宽比创建选区。

(3) 固定大小：首先指定选区长度和宽度的具体数值 (默认单位是像素)，通过单击鼠标创建选区。如果想改变度量单位，可通过右击【长度】或【宽度】数值框选择。

5) 调整边缘

调整边缘是 Photoshop 从 CS3 版本开始新增加的功能，至 CS5 其功能趋于完善，主要用于细化选区的边缘，特别适合对毛发等细微对象的选区进行精确调整。

图像选区创建好之后，选择菜单命令【选择】|【调整边缘】，或者在矩形选框、椭圆选框、套索、魔棒等选择工具的选项栏上单击【调整边缘】按钮，打开【调整边缘】对话框，如图 2.3(a) 所示。对话框包括 4 个工具和【边缘检测】、【调整边缘】等选项，作用如下。

(1) 缩放工具 与抓手工具 ：用于放大和拖移图像 (临时取代 Photoshop 工具箱上的缩放工具与抓手工具)。

(2) 调整半径工具 ：以涂抹的方式扩展选区边缘的检测范围。

(3) 抹除调整工具 (隐藏在 "调整半径工具" 组中)：以涂抹的方式去除对选区边缘所做的调整，恢复选区的原始边界。

(4)【视图】：选择选区边缘调整结果的不同预览模式。

(5)【显示半径】：选择该复选框，可查看边缘检测半径的范围。

(6)【显示原稿】：选择该复选框，可查看原始选区。

(7)【半径】：控制选区边缘调整范围的大小。

(8)【智能半径】：使检测半径智能地适合所选图像的边缘。

(9)【平滑】：控制选区边缘的平滑程度。

(10)【羽化】：控制选区边缘的羽化程度。

(11)【对比度】：控制选区边缘的对比度。

(12)【移动边缘】：调整选区的大小，负值收缩选区的边界，正值扩展选区的边界。

(13)【净化颜色】：选择该复选框，通过拖移【数量】滑块去除选区边缘的背景色。

(14)【输出到】：选择选区图像的输出方式。

对话框参数设置好之后，单击【确定】按钮，输出选区图像，结果如图 2.3(b) 所示。

(a)【调整边缘】对话框　　　　　　(b) 输出选区图像

图 2.3　【调整边缘】对话框及选区调整结果

2．椭圆选框工具 ⬭

椭圆选框工具用于创建椭圆形选区。其选项栏参数的作用与矩形选框工具类似。

3．单行选框工具 ⫿⫿⫿ 与单列选框工具 ⫾

单行选框工具用来创建高度为一个像素，宽度与当前图像的宽度相等的选区。

单列选框工具用来创建宽度为一个像素，高度与当前图像的高度相等的选区。

由于选区的大小已确定，使用单行选框工具与单列选框工具创建选区时，只要在图像中单击即可。

🖥 重要提示

利用矩形选框工具或椭圆选框工具创建选区时，若按住 Shift 键，可创建正方形或圆形选区；若按住 Alt 键，则以首次单击点为中心创建选区；若同时按住 Shift 键与 Alt 键，则以首次单击点为中心创建正方形或圆形选区。特别要注意的是，在实际操作中，应先按下鼠标左键，再按键盘功能键 (Shift、Alt 或 Shift+Alt)，然后拖动光标创建选区；最后在结束操作时，应先松开鼠标左键，再松开键盘功能键。

2.1.2　套索工具组

套索工具组包括套索工具、多边形套索工具和磁性套索工具，用于创建形状不规则的选区。

1．套索工具 🪢

套索工具用于创建手绘的选区，其使用方法像铅笔一样随意，用法如下。

(1) 选择套索工具，设置选项栏参数。

(2) 在待选对象的边缘按住左键拖动光标圈选待选对象，当光标回到起始点时，松开左键可闭合选区；若光标未回到起始点便松开左键,起点与终点将以直线段相连,形成闭合选区。

套索工具常用来选择与背景颜色对比不强烈且边缘复杂的对象。

2. 多边形套索工具

多边形套索工具用于创建多边形选区，用法如下。

(1) 选择多边形套索工具，设置选项栏参数。

(2) 在待选对象的边缘某拐点上单击，确定选区的第一个紧固点；将光标移动到相临拐点上再次单击，确定选区的第二个紧固点；依次操作下去。当光标回到起始点时（此时光标旁边将出现一个小圆圈），单击可闭合选区；当光标未回到起始点时，双击可闭合选区。

多边形套索工具适合选择边界由直线段围成的对象。

重要提示

在使用多边形套索工具创建选区时，按住 Shift 键，可以确定水平、竖直或方向为 45° 角的倍数的直线段选区边界。

3. 磁性套索工具

磁性套索工具特别适用于快速选择边缘颜色与背景颜色对比强烈且边缘复杂的对象。其特有的选项栏参数如下。

(1)【宽度】：指定检测宽度，单位为像素。磁性套索工具只检测从指针开始指定距离内的边缘。

(2)【对比度】：指定磁性套索工具跟踪对象边缘的灵敏度，取值范围为 1% ～ 100%。较高的数值只检测指定距离内对比强烈的边缘，较低的数值可检测到低对比度的边缘。

(3)【频率】：指定磁性套索工具产生紧固点的频度，取值范围为 0 ～ 100。较高的频率将在选区边界上产生更多的紧固点。

(4)【使用绘图板压力以更改钢笔宽度】：该参数针对使用光笔绘图板的用户。选择该按钮，增大光笔压力将导致边缘宽度减小。

磁性套索工具的用法如下。

(1) 选择磁性套索工具，根据需要设置选项栏参数。

(2) 在待选对象的边缘单击，确定第一个紧固点。

(3) 沿着待选对象的边缘移动光标，确定选区的局部边界。在此过程中，磁性套索工具定期将紧固点添加到选区边界上。

(4) 若选区边界无法与待选对象的边缘对齐，可在待选对象边缘的适当位置单击，手动添加紧固点，然后继续移动光标选择对象。

(5) 当光标回到起始点时（此时光标旁边将出现一个小圆圈），单击可闭合选区；当光标未回到起始点时，双击可闭合选区，但起点与终点将以直线段连接。

重要提示

使用磁性套索工具选择对象时，若待选对象的边缘比较清晰，可设置较大的【宽度】和更高的【对比度】值，然后大致地跟踪待选对象的边缘即可快速创建选区。若待选对象的边缘比较模糊，则最好使用较小的【宽度】和较低的【对比度】值，这样会更准确地跟踪待选对象的边缘以创建选区。

2.1.3　魔棒工具

魔棒工具适用于快速选择颜色相近的区域，用法如下。

(1) 选择魔棒工具，根据需要设置选项栏参数。

(2) 在待选图像区域内某一点单击。

魔棒工具的选项栏上除了【选区运算】按钮、【消除锯齿】复选框外，还有以下参数。

(1)【取样大小】：用于设置取样点的颜色值。"取样点"指单击点像素的颜色值；其他选项表示以鼠标单击点为中心，指定区域内的像素点的平均颜色值。

(2)【容差】：用于设置颜色值的差别程度，取值范围为 0 ～ 255，系统默认值为 32。使用魔棒工具选择图像时，其他像素点的颜色值与单击点的颜色值进行比较，只有差别在【容差】范围内的像素才被选中。一般来说，容差越大，所产生的选区的范围越大。容差为 255 时，将选中整个图像。

(3)【连续】：选择该复选框，只有【容差】范围内的所有相邻像素被选中；否则，将选中图像上【容差】范围内的所有像素。如图 2.4 所示，使用魔棒工具在图像的白色背景区域单击，若事先没有选择【连续】复选框，则创建图 2.4(a) 所示的选区 (飞机上部分区域被选中)；否则，将创建图 2.4(b) 所示的选区 (此时反转选区，即可选中图中的飞机)。

(4)【对所有图层取样】：选择该复选框，魔棒工具基于所有可见图层创建选区；否则，仅参照当前图层创建选区。

(a) 不连续的选区　　　　　　　　　　　　　(b) 连续的选区

图 2.4　【连续】参数的应用

2.1.4　快速选择工具

快速选择工具以涂抹的方式"画"出不规则的选区，能够快速选择多个颜色相近的区域；该工具比魔棒工具的功能更强大，使用也更方便快捷。其选项栏如图 2.5 所示。

图 2.5　快速选择工具的选项栏

(1)【画笔大小】：用于设置快速选择工具的笔触大小、硬度、间距、角度和圆度等属性。

(2)【自动增强】：选择该复选框，可自动加强选区的边缘。

其余选项与其他选择工具对应的选项作用相同。

当待选区域和其他区域分界处的颜色差别较大时，使用快速选择工具创建的选区比较准确。另外，当要选择的区域较大时，应设置较大的笔触涂抹；当要选择的区域较小时，应改用小的笔触涂抹。

2.1.5　选择工具应用案例

案例一： 制作月牙儿效果

【视频操作】

1.　案例说明

"新月如钩"的美妙意境想必大家都记忆犹新。本例通过椭圆选框工具及选区的扩展、羽化、移动和删除等操作，再现了一幕栩栩如生的月夜美景。

2.　操作步骤

(1) 打开图像"第2章素材\夜幕降临.jpg"，选择椭圆选框工具(选项栏采用默认设置，特别是羽化值为0)，按住 Shift 键拖动光标创建如图2.6所示的圆形选区。

图2.6　创建未羽化的圆形选区

(2) 在【图层】面板上单击【创建新图层】按钮 🔳，新建图层1。

(3) 将前景色设置为白色。使用油漆桶工具在选区内单击填色，如图2.7所示。

图2.7　在新建图层的选区内填色

(4) 通过选择菜单命令【选择】|【修改】|【羽化】，将选区羽化5个像素左右。

 重要提示

前面已经说过，选择工具选项栏上的羽化参数必须在选区创建之前设置才有效。对于已经创建好的选区，若需要羽化，可以使用菜单命令【选择】|【修改】|【羽化】实现。

(5) 通过选择菜单命令【选择】|【修改】|【扩展】，将羽化后的选区扩展 7 个像素左右，如图 2.8 所示。

(6) 使用方向键将选区向左向上移动到如图 2.9 所示的位置 (移动选区时，千万不要选择移动工具 ➹)。

图 2.8 扩展选区   图 2.9 移动选区

(7) 按 Delete 键两次删除图层 1 选区内的像素，如图 2.10 所示。

图 2.10   删除当前层选区内的像素

(8) 选择菜单命令【选择】|【取消选择】(或按 Ctrl+D 组合键)，月牙儿效果制作完成。使用移动工具 ➹适当调整月牙儿的位置，如图 2.11 所示。

(9) 存储文件。

【参考图文】

图 2.11   "新月如钩"效果图

重要提示

选区的移动一般采用下列两种方法之一。

(1) 使用键盘方向键。按一下方向键移动 1 个像素的距离，可用于微调选区。按住 Shift 键按一下方向键移动 10 个像素的距离。使用此方法移动选区时，千万不要选择移动工具 。

(2) 使用鼠标。操作方法如下。

①首先选择一种选择工具 (选框工具、套索工具、魔棒工具等)。

②在选项栏上单击【新选区】按钮 。

③将光标定位在选区内，按住左键拖移选区。

案例二：使用选择工具及【调整边缘】命令抠选普通图像

1. 案例说明

本例使用磁性套索工具和套索工具创建人物选区，通过【调整边缘】命令进一步细化选区，并将细化后的选区输出到新图层。最后通过复制图层实现人物背景的更换。

【视频操作】

2. 操作步骤

(1) 打开图像"第 2 章素材 \ 瑜伽 .jpg"。使用缩放工具在人物头部单击，将图像放大到 200%。

(2) 选择磁性套索工具，选项栏设置如图 2.12 所示。

| | 羽化: 0 像素 | ☑消除锯齿 | 宽度: 5 像素 | 对比度: 10% | 频率: 80 | | 调整边缘… |

图 2.12　设置磁性套索工具的选项栏参数

(3) 在图中待选人物的边缘某处单击，并沿着边缘移动光标，开始圈选人物，如图 2.13 所示。由于设置的检测宽度较小 (5 像素)，因此光标移动得要慢一点，尽量靠近人物边缘。

(4) 在人物边缘较陡的拐角处，或图像边缘与周围背景对比度较低的地方，磁性套索工具不容易自动产生紧固点，此时可单击手动添加紧固点，如图 2.14 所示。

图 2.13　开始创建选区

图 2.14　手动添加紧固点

(5) 在陡峭的拐角处，或图像边缘与周围背景对比度较低的地方，或不小心磁性套索工具偏离了对象边缘时，自动生成的紧固点很容易偏离所选对象的边缘 (如图 2.15 所示，从 A 点开始出现明显偏离)。此时可移动光标返回 A 点，按 Delete 键，直到撤销 A 点后的所有紧固点为止。然后重新创建偏离处的选区边界，如图 2.16 所示。

图 2.15　选区偏离对象边缘

图 2.16　撤销并重建局部选区

(6) 由于图像放大而使部分图像被隐藏，当光标移动到图像窗口的左下角不能继续创建选区时，按空格键不放，可切换到抓手工具 ，拖移出图像的隐藏区域；松开空格键，返回磁性套索工具，继续创建选区。

(7) 依照上述方法选择下去，最后移动光标回到初始紧固点，此时光标将变成 形状 (图 2.17)，单击即可封闭人物外围选区。

(8) 修改磁性套索工具的选项栏参数，选择【从选区减去】按钮 ，其他参数保持不变。利用与前面类似的方法，沿右侧手臂内侧的空白区域的边缘创建封闭选区，将这部分区域从原选区中减去，如图 2.18 所示。

图 2.17　封闭外围选区

初始紧固点

图 2.18　减去原选区中的空白区域

(9) 同样，将左侧手臂内侧的空白区域从原选区中减去。至此，完成选区的初步创建，如图 2.19 所示。

(10) 人物初步选定后，使用缩放工具进一步放大图像。通过抓手工具拖移，检查所选图像的边界，如图 2.20 所示。使用套索工具将多选的部分从选区减掉，将漏选的部分加选到选区。

图 2.19　初步完成选区的创建　　　　图 2.20　检查并修补选区

(11) 选择菜单命令【选择】|【调整边缘】，打开【调整边缘】对话框。选择【白底】视图模式，通过调整其他参数，尽量消除选区边缘的深色背景色，并设法获得比较自然的选区边缘，如图 2.21 所示。

图 2.21　在白底视图下调整选区边缘

(12) 选择【黑底】视图模式，通过修改参数，尽量消除选区边缘的浅色背景色，并保持自然的选区边缘，如图 2.22 所示。

图 2.22　在黑底视图下调整选区边缘

(13) 通过选择【显示原稿】复选框，了解选区调整前后的变化，满意后单击【确定】按钮，输出选区图像，如图 2.23 所示。

图 2.23　输出选区调整结果

（14）打开图像"第 2 章素材 \ 封面 .jpg"。按 Ctrl + A 组合键选择全部图像，按 Ctrl + C 组合键复制图像。

（15）切换到图像"瑜伽 .jpg"，在【图层】面板上单击选择背景层。按 Ctrl + V 组合键，将"封面"粘贴过来。使用移动工具调整"封面"位置，使其右半部显示在图像窗口。

（16）在【图层面板】上单击选择"背景 副本"层，使用移动工具向下移动人物到合适位置，如图 2.24 所示。

【参考图文】

图 2.24　图像最终合成效果及图层组成

（17）将合成后的图像存储起来，并关闭所有素材图像。

案例三：使用选择工具及【调整边缘】命令抠选头发

1．案例说明

【视频操作】　　本例使用魔棒工具、套索工具和多边形套索工具创建人物选区，通过【调整边缘】命令进一步细化选区，将头发等比较细微的对象准确地抠选出来。

2．操作步骤

（1）打开图像"第 2 章素材 \ 模特 .jpg"。选择魔棒工具，选项栏设置如图 2.25 所示（注意不选【连续】复选框）。

图 2.25　设置魔棒工具的选项栏参数

（2）在图像的白色背景上单击创建选区。选择菜单命令【选择】|【反向】将选区反转。

（3）选择套索工具，选项栏设置如图 2.26 所示。

图 2.26 设置套索工具的选项栏参数

(4) 将模特身上未被选中的部分 (如上衣顶部、左右首饰等处，头发除外，如图 2.27 所示) 通过圈选添加到选区。

(5) 同样，使用多边形套索工具加选图像左下角的整个书本区域 (图 2.27)。

(6) 使用缩放工具适当放大图像。通过抓手工具拖移，检查所选图像的边界 (头发除外)，使用套索工具将多选的部分从选区减掉，将漏选的部分加选到选区。修补后的选区如图 2.28 所示。

图 2.27 加选未被选中的部分　　　　　　图 2.28 修补后的选区

(7) 选择菜单命令【选择】|【调整边缘】，打开【调整边缘】对话框。选择【黑底】视图模式，通过调整其他参数，尽量消除选区边缘的浅色背景色，并设法获得比较自然的选区边缘，如图 2.29 所示。

图 2.29 在黑底视图下调整选区边缘

(8) 在对话框中选择调整半径工具 ✍，涂抹头发的边缘（图 2.30），结果如图 2.31 所示。如果调整了不应该调整的选区，比如涂抹到了胳膊边缘的皮肤部分（亮度较高，与背景色接近），或头发上的亮光区域，结果使这些区域变透明；可改用抹除调整工具 ✍ 涂抹这些区域，撤销调整。

图 2.30　扩展头发边缘的检测范围　　　　　图 2.31　细化后的头发选区

(9) 单击【确定】按钮，抠出图像，如图 2.32 所示。

(10) 打开图像"第 2 章素材 \ 樱花 .jpg"。按 Ctrl + A 组合键全选图像，按 Ctrl + C 组合键复制图像。

(11) 切换到图像"模特 .jpg"，在【图层】面板上单击选择背景层。按 Ctrl + V 组合键，将"樱花"背景粘贴过来，如图 2.33 所示。

(12) 将合成后的图像存储起来，并关闭所有素材图像。

图 2.32　输出选区图像

图 2.33　更换背景

2.2　绘画与填充工具的使用

绘画与填充工具包括笔类工具组、橡皮擦工具组、填充工具组、形状工具组、文字工具组和吸管工具组等。使用这些工具能够最直接、最方便地修改或创建图像。

2.2.1　笔类工具组

笔类工具组包括画笔、铅笔、颜色替换、混合器画笔和历史记录画笔、历史记录艺术画笔等工具，一般用于模仿现实生活中笔类工具的使用方法和技巧，产生各种绘画效果，而历史记录画笔工具则能够以涂抹的方式撤销图像的局部修改。

1. 画笔工具

1) 设置画笔参数

选择画笔工具，其选项栏参数如图 2.34 所示。

图 2.34　画笔工具的选项栏

(1) ：单击该按钮可打开画笔预设选取器 (图 2.35)，从中选择预设的画笔，并可更改预设画笔笔尖的大小和硬度。

(2)【模式】：设置画笔模式，使当前画笔颜色以指定的混合模式应用到图像上。默认选项为"正常"。

(3)【不透明度】：设置画笔的不透明度，取值范围为 0% ～ 100%。

(4)【流量】：设置画笔的颜色涂抹速度，取值范围为 0% ～ 100%。低于 100% 的取值会产生透明效果。

(5) ：选择该按钮，启用画笔的喷枪模式。通过缓慢地拖动光标或按下左键不放，可以积聚、扩散画笔的颜色。

(6) ：单击该按钮可打开【画笔】面板（图 2.36），从中选择预设画笔或创建自定义画笔。也可以通过选择菜单命令【窗口】|【画笔】打开【画笔】面板。【画笔】面板的主要参数举例如下。

①【画笔预设】：单击该按钮可切换到【画笔预设】面板。

②【画笔笔尖形状】：用于设置画笔笔尖的详细参数（形状、大小、翻转、角度、圆度、硬度和间距等），并预览当前画笔的应用效果，如图 2.36 所示。

③【形状动态】：通过画笔笔尖的大小抖动、最小直径、角度抖动、圆度抖动、最小圆度和翻转抖动等选项，指定绘画过程中笔尖形状的动态变化情况。

④【散布】：用于设置笔画中笔迹的数量和位置等特性，形成笔迹沿笔画散布的效果。

⑤【颜色动态】：用于设置绘画过程中画笔颜色的动态变化。

(7) ：在使用数位板绘画时，选择该按钮，光笔的压力可取代画笔的【不透明度】参数的作用。

(8) ：在使用数位板绘画时，选择该按钮，光笔的压力可取代画笔的【大小】参数的作用。

图 2.35　画笔预设选取器

图 2.36　【画笔】面板

【视频操作】

2) 自定义画笔

自定义画笔功能可以将选定的图像定义为画笔，举例如下。

(1) 打开图像"第 2 章素材 \ 星光素材 .psd"。按住 Ctrl 键，在【图层】面板上单击"星光"层的缩览图以载入"星光"的选区，如图 2.37 所示。

(2) 选择菜单命令【编辑】|【定义画笔预设】，弹出【画笔名称】对话框，单击【确定】按钮。

(3) 选择画笔工具，在画笔预设选取器中选择自定义的画笔 (最后面一个)，如图 2.38 所示。

图 2.37　选择要定义画笔的图像

图 2.38　选择自定义画笔

(4) 打开【画笔】面板，设置【散布】参数如图 2.39 所示，设置【形状动态】参数如图 2.40 所示 (【渐隐】参数可控制笔画的长度，单位为像素，取值越大，笔画越长，此处设置为 600。在实际操作中，若产生的笔画长度不合适，可调整此参数的值)。

(5) 打开图像 "第 2 章素材 \ 人物 2-06.jpg"。在【图层】面板上单击 "创建新图层" 按钮，新建图层 1。

(6) 将前景色设置为白色。使用画笔工具按图 2.41 所示的路线绘画，结果如图 2.42 所示。

图 2.39　设置散布参数

图 2.40　设置形状动态参数

图 2.41　画笔绘画的路线

图 2.42　自定义画笔绘画效果

(7) 选择菜单命令【图层】|【图层样式】|【外发光】，打开【图层样式】对话框，【外发光】参数设置如图 2.43 所示。

图 2.43　设置【外发光】参数

(8) 单击【确定】按钮，结果如图 2.44 所示。

【参考图文】

图 2.44　添加外发光样式后的图像效果

提示

关于图层样式的定义与基本用法，请参照第 4 章相关内容。

3) 载入特殊形状的画笔

使用画笔预设选取器不仅可以选择标准的圆形画笔 (有软笔和硬笔之分)，还可以选择多种特殊形状的画笔 (如五角星、雪花、小草、枫叶、十字灯光等)。

在默认设置下，画笔预设选取器中并未显示出 Photoshop 自带的所有特殊形状的画笔。载入其他特殊形状画笔的方法如下。

(1) 单击画笔预设选取器右上角的 ✿. 按钮，展开选取器菜单。

(2) 从菜单底部一栏中选择特殊形状画笔组的名称 (如书法画笔、混合画笔等)，弹出如图 2.45 所示的对话框。

(3) 单击【确定】按钮，新画笔将取代画笔预设选取器中的原有画笔。若单击【追加】按钮，新画笔将追加在画笔预设选取器中原有画笔的后面。

图 2.45　载入画笔提示框

提示

在画笔预设选取器菜单中，使用【复位画笔】命令，可将其中的画笔恢复为初始状态。使用【删除画笔】命令，可将选中的画笔从画笔预设选取器中删除。

2. 铅笔工具 ✐

铅笔工具的主要作用是使用前景色绘制随意的硬边线条，其参数设置及用法与画笔工具类似。

提示

在铅笔工具的选项栏上选择【自动抹掉】复选框，使用铅笔工具绘画时，若起始处图像的颜色与当前前景色相同，则使用当前背景色绘画。否则，仍使用当前前景色绘画。

3. 颜色替换工具

颜色替换工具的作用是使用前景色快速替换图像中的特定颜色，其选项栏参数如图 2.46 所示。

图 2.46　颜色替换工具的选项栏

(1)【画笔】：用于设置画笔笔尖的大小、硬度、间距、角度、圆度等参数。

(2)【模式】：设置画笔模式，使当前画笔颜色以指定的混合模式应用到图像上。默认选项为"颜色"，仅影响图像的色调与饱和度，不改变亮度。

(3)【连续】按钮、【一次】按钮和【背景色板】按钮：用于确定颜色取样的方式。选择【连续】按钮，可使工具在拖动过程中不断地对颜色进行取样。选择【一次】按钮，可将首次单击点的颜色作为取样颜色。选择【背景色板】按钮，则只替换包含当前背景色的像素区域。所谓"取样颜色"，即图像中能够被前景色替换的颜色。

(4)【限制】：有"不连续""连续"和"查找边缘"3 个选项。"不连续"选项替换图像中与取样颜色匹配的任何位置的颜色。"连续"选项仅替换与取样颜色位置邻近的连续区域内的颜色。"查找边缘"选项类似"连续"选项，只是能够更好地保留被替换区域的轮廓。

(5)【容差】：用于确定图像的颜色与取样颜色接近到什么程度时才能被替换。取值较低时，只有与取样颜色比较接近的颜色才能被替换；较高的取值能够替换更广范围内的颜色。

(6)【消除锯齿】：选择该复选框，可以使图像中颜色被替换的区域获得更平滑的边缘。以下举例说明颜色替换工具的用法。

(1) 打开图像"第 2 章素材 \ 人物 2-02.jpg"，如图 2.47(a) 所示。

(2) 将前景色设置为纯蓝色 (#0000ff)。

(3) 选择颜色替换工具，设置画笔大小为 20 像素，硬度为 100%，模式为"颜色"，取样为"一次"，限制为"查找边缘"，容差为 30%。

(4) 在图片中人物的外套部分拖动光标，将外套的颜色替换为蓝色，效果如图 2.47(b) 所示。

(a) 原图　　　　　　　　　　　　　(b) 替换颜色后的效果图

图 2.47　原始图像与颜色替换后的图像

4. 混合器画笔工具

混合器画笔工具是 Photoshop 从 CS5 版本开始新增的工具之一，作用是将前景色与光标拖移处的图像颜色进行混合，产生传统画笔绘画时不同颜料之间的相互混合效果。

5. 历史记录画笔工具

历史记录画笔工具用于将选定的历史记录状态或某一快照状态，以涂抹的方式绘制到当前图层，其选项栏参数设置与画笔工具相同。下面举例说明历史记录画笔工具的用法。

(1) 打开图像"第 2 章素材 \ 电影画面 2-01.jpg"，如图 2.48 所示。

(2) 选择菜单命令【滤镜】|【滤镜库】，通过【滤镜库】对话框为图像添加【艺术效果】滤镜组中的【海报边缘】滤镜 (参数采用默认值)，结果如图 2.49 所示。

图 2.48　原始素材图像　　　　　　　　图 2.49　添加滤镜效果

(3) 选择菜单命令【图像】|【调整】|【反相】，获得负片效果。

(4) 使用套索工具圈选图中的人物，如图 2.50 所示。

(5) 选择历史记录画笔工具，设置画笔大小为 44 像素，其他选项默认。

(6) 在【历史记录】面板上单击"滤镜库"记录左侧的▢按钮，按钮中显示✐图标，如图 2.51 所示。

(7) 使用历史记录画笔工具在选区内涂抹，将该部分图像恢复到添加"海报边缘"滤镜后的效果 (通过在选项栏上修改历史记录画笔工具的不透明度数值，还可以控制图像恢复的程度)，如图 2.52 所示。按 Ctrl+D 组合键可取消选择。

图 2.50　反相后创建人物选区

图 2.51　选择历史记录状态

图 2.52　恢复背景层部分图像的历史状态

6.　历史记录艺术画笔工具🖌

历史记录艺术画笔工具可使用指定的历史记录状态或快照状态，利用色彩上不断变化的笔画簇，以风格化描边的方式进行绘画，同时颜色迅速向四周沉积扩散，达到印象派绘画的效果。

选择历史记录艺术画笔工具，其选项栏如图 2.53 所示。

图 2.53　历史记录艺术画笔工具的选项栏

(1)【模式】：类似画笔工具的对应选项。不同的模式影响笔画样式和笔画沉积速度。

(2)【样式】：用于确定笔画簇中各个笔画的大小和形状，包括"绷紧短""绷紧中"和"绷紧长"等多种不同的模式。

(3)【区域】：指定绘画描边覆盖的区域大小，值越大，覆盖的区域越大，描边的数量也越多，取值范围为 0 ~ 500 像素。分辨率高的图像需要设置更大的值。

(4)【容差】：限定允许绘画的区域。较低的容差几乎允许用户在所有图像上绘画，较高的容差将绘画限制在与选定历史状态或快照状态的颜色有明显差异的区域上。

其他选项的设置与画笔工具相同。

下面举例说明历史记录艺术画笔工具的基本用法。

(1) 打开图像"第 2 章素材 \ 人物 2-03.jpg"，如图 2.54(a) 所示。

(2) 新建图层 1，用油漆桶工具填充白色。

(3) 选择历史记录艺术画笔工具，设置画笔笔尖大小为 5 像素，模式为"正常"，样式为"绷紧短"，区域为 50 像素，容差为 0%。

(4) 在图层 1 中涂抹绘画，得到类似如图 2.54(b) 所示的效果。

(a) 原图　　　　　　　　　　(b) 效果图

图 2.54　使用历史记录艺术画笔工具绘画

2.2.2 橡皮擦工具组

橡皮擦工具组包括橡皮擦工具、背景橡皮擦工具和魔术橡皮擦工具,主要用于擦除图像的颜色。

1. 橡皮擦工具

橡皮擦工具在不同类型的图层上擦除图像时,结果是不同的。

(1) 在背景图层上擦除时,被擦除区域的颜色以当前背景色取代。

(2) 在普通像素图层上可将图像擦除为透明色。

(3) 在透明区域被锁定的图层(参照第 4 章相关内容)上擦除时,将包含像素的区域擦除为当前背景色。

(4) 文字层、形状层等含有矢量元素的图层及智能图层、调整层、填充层等特殊图层是禁止擦除的。

选择橡皮擦工具,其选项栏如图 2.55 所示,其中多数选项的设置与画笔工具相同。

图 2.55 橡皮擦工具的选项栏

(1)【模式】:设置擦除模式,有"画笔""铅笔"和"块"3 种。

(2)【抹到历史记录】:将图像擦除到指定的历史记录状态或某个快照状态。

2. 背景橡皮擦工具

无论在普通像素图层还是在背景图层上,使用背景橡皮擦工具都可将图像擦除到透明。同时,在背景图层上擦除时,背景图层会转化为普通图层。

背景橡皮擦工具的选项栏如图 2.56 所示,其中参数大多与颜色替换工具类似。

图 2.56 背景橡皮擦工具的选项栏

【保护前景色】:选择该复选框,可禁止擦除与当前前景色匹配的区域。

3. 魔术橡皮擦工具

使用魔术橡皮擦工具可擦除指定容差范围内的像素,其选项栏如图 2.57 所示,其中参数大多与魔棒工具类似。

图 2.57 魔术橡皮擦工具的选项栏

【消除锯齿】:选择该复选框,可使擦除区域的边缘更平滑。

与橡皮擦工具、背景橡皮擦工具的某些功能类似,魔术橡皮擦工具也有以下特点。

(1) 在背景图层上擦除的同时,背景图层转化为普通像素图层。

(2) 在透明区域被锁定的图层上擦除时,将包含像素的区域擦除为当前背景色。

2.2.3　填充工具组

填充工具组包括油漆桶工具和渐变工具，用于填充单色、图案或过渡色。

1.　油漆桶工具

油漆桶工具用于填充单色（当前前景色）或图案，其选项栏如图 2.58 所示。

填充类型

图 2.58　油漆桶工具的选项栏

(1)【填充类型】：包括"前景"和"图案"两种。选择"前景"（默认选项），可使用当前前景色填充图像。选择"图案"，可从右侧的图案选取器（图 2.59）中选择某种预设图案或自定义图案进行填充。

图 2.59　打开图案选取器

(2)【模式】：指定填充内容以何种混合模式应用到要填充的区域。

(3)【不透明度】：设置填充颜色或图案的不透明度。

(4)【容差】：控制填充范围（与魔棒工具的【容差】参数类似）。容差越大，填充范围越广。取值范围为 0～255，系统默认值为 32。

(5)【消除锯齿】：选择该复选框，可使填充区域的边缘更平滑。

(6)【连续的】：默认选项，作用是将填充区域限定在与单击点颜色匹配的连续区域内。

(7)【所有图层】：选择该复选框，将基于所有可见图层的合并效果填充当前层。

下面举例说明利用油漆桶工具进行自定义图案填充的方法。

(1) 打开图像"第 2 章素材＼动物 2-01.jpg"，用矩形选框工具选择要定义的图案，如图 2.60 所示。

(2) 选择菜单命令【编辑】|【定义图案】，在弹出的【图案名称】对话框中输入图案名称，单击【确定】按钮。

(3) 新建一个大小为 400 像素×300 像素、分辨率为 72 像素／英寸、RGB 颜色模式的图像。

(4) 选择油漆桶工具，将【填充类型】设为"图案"，从右侧图案选取器的底部选择上述自定义的图案。

(5) 在新图像窗口内单击，填充效果如图 2.61 所示。

图 2.60 选择图像   图 2.61 填充自定义图案

重要提示

用于定义图案的选区必须为矩形选区，不能羽化，也不能圆角化，否则，无法定义图案。

2. 渐变工具

渐变工具用于填充各种过渡色，其选项栏如图 2.62 所示。

图 2.62 渐变工具的选项栏

(1) ：单击按钮右侧的 ，可打开"渐变"拾色器 (图 2.63)，从中选择所需渐变色。单击图标左侧的 ，则打开渐变编辑器 (图 2.64)，可对当前选择的渐变色进行编辑修改或定义新的渐变色。操作要点如下。

① 单击选择渐变色控制条上的不透明度色标 (此时图标尖部变黑)，从【色标】栏可修改该点的不透明度和位置 (也可水平拖动不透明度色标改变其位置)。

② 单击选择渐变色控制条下的色标 (此时图标尖部变黑)，从【色标】栏可修改该点的颜色和位置 (也可水平拖动色标改变其位置)。

③ 在渐变色控制条的上方或下方单击，可添加不透明度色标或色标。选择不透明度色标或色标后，单击【删除】按钮可将其删除 (控制条仅有两个不透明度色标或色标时，是无法删除的)。

(2) ：用于设置渐变种类。从左向右依次是线性渐变、径向渐变、角度渐变、对称渐变和菱形渐变。各按钮的图案反映了这些渐变类型的基本效果。

(3)【模式】：指定当前渐变色以何种混合模式应用到图像上。

(4)【不透明度】：用于设置渐变填充的不透明度。

(5)【反向】：选择该复选框，可反转渐变填充中的颜色顺序。

(6)【仿色】：选择该复选框，可用递色法增加中间色调，形成更加平缓的过渡效果。

(7)【透明区域】：选择该复选框，可使渐变中的不透明度设置生效。

不透明度色标 →

色标 →

渐变色控制条 →

图 2.63　"渐变"拾色器　　　　图 2.64　渐变编辑器

下面举例说明渐变工具的基本用法。

(1) 打开图像"第 2 章素材 \ 蛋壳 .jpg"，如图 2.65 所示。

(2) 将前景色设置为白色。

(3) 选择渐变工具█，在选项栏上选择菱形渐变█（其他选项保持默认：模式为"正常"，不透明度为 100%，不选【反向】复选框，选择【仿色】和【透明区域】复选框）。

(4) 打开"渐变"拾色器，选择"前景色到透明渐变"█。

(5) 在图像上拖动光标，形成菱形渐变效果。

(6) 改变光标拖动的方向和距离，在图像的不同位置创建多个渐变效果，如图 2.66 所示。

图 2.65　素材图像　　　　　　图 2.66　菱形渐变效果

(7) 新建一个大小为 400 像素 ×300 像素、分辨率为 72 像素 / 英寸、RGB 颜色模式的图像。

(8) 使用椭圆选框工具创建一个圆形选区（羽化值为 0）。

(9) 将前景色和背景色分别设置为白色和黑色。

(10) 选择渐变工具█。在选项栏上选择径向渐变█，从"渐变"拾色器中选择"前景色到背景色渐变"█（其他参数保持默认）。

(11) 从选区的左上角向右下角方向拖动光标（适当控制起点位置和拖动距离），创建径向渐变效果，如图 2.67 所示，取消选区。

图 2.67　创建径向渐变

重要提示

请读者重新回顾第 1 章的案例 "1.4.1 美丽的新娘"。

2.2.4　形状工具组

形状工具组包括矩形、圆角矩形、椭圆、多边形、直线和自定形状等工具，用于创建形状图层、路径和像素图。

本章主要讲解如何使用形状工具创建像素图 (即位图)。

1.　直线工具／

直线工具使用前景色绘制直线段或带箭头的直线段，其选项栏如图 2.68 所示。

图 2.68　直线工具的选项栏

1) 绘制任意长短和粗细的直线段

选择直线工具，在选项栏上将工具模式设置为 "像素"，根据需要在【粗细】数值框内输入数值。在图像中通过拖动光标绘制直线段。按住 Shift 键，可绘制水平、垂直或方向为 45°角的倍数的直线段。

2) 绘制任意长短和粗细的带箭头的直线段

选择直线工具，将工具模式设置为 "像素"，在【粗细】数值框内输入数值。单击选项栏上的 ✿.按钮，打开【几何选项】面板 (图 2.69)，选择【起点】或【终点】复选框，可绘制始端或末端带箭头的直线段，并可以设置箭头的宽度、长度和凹度属性 (各参数含义如图 2.70 所示)。

在图像中通过拖动光标绘制带箭头的直线段。

图 2.69　【几何选项】面板

图 2.70　绘制带箭头的直线段

2. 规则多边形工具

规则多边形工具包括矩形工具■、圆角矩形工具●、椭圆工具●和多边形工具●，其用法如下。

(1) 选择规则多边形工具，在选项栏上将工具模式设置为"像素"。

(2) 若绘制圆角矩形，在选项栏上设置圆角的"半径"值。

(3) 若绘制多边形，在选项栏上设置边数。

(4) 设置前景色。在图像中拖动光标绘图。按住 Shift 键，可绘制正的规则多边形。

3. 自定形状工具

Photoshop 的自定形状工具为用户提供了丰富多彩的图形资源，其用法如下。

(1) 选择自定形状工具，将工具模式设置为"像素"。

(2) 在选项栏上单击【形状】按钮，打开"自定形状"拾色器（图 2.71），从中可选择多种形状。

(3) 单击"自定形状"拾色器右上角的 按钮，打开面板菜单。从菜单底部可选择更多的形状（如动物、符号、自然、音乐等）添加到"自定形状"拾色器中。

(4) 设置前景色。在图像窗口中拖动光标绘制自定形状。按住 Shift 键，可按比例绘制自定形状。

图 2.71　打开"自定形状"拾色器

2.2.5　文字工具组

文字工具组包括横排文字工具、直排文字工具、横排文字蒙版工具和直排文字蒙版工具。在 Photoshop 中，除了可以控制文字的字体、大小、颜色、行间距、字间距、段落样式等基本属性外，还可以创建变形文字，或直接对文字施加各种变换（缩放、旋转、透视、斜切、扭曲等）。

另外，文字工具还有以下更高级的应用。

(1) 创建路径文字（详见第 6 章）。

(2) 将文字转化为路径，以便根据需要随心所欲地进行字体设计（详见第 6 章）。

文字工具的选项栏如图 2.72 所示。

图 2.72　文字工具的选项栏

(1) 字体、样式、字号：设置文字的字体、样式和大小。

(2) 消除锯齿：提供了消除文字边缘锯齿的不同方法。

(3) 对齐：设置文字的对齐方式。

(4) 颜色：设置文字的颜色。

(5) 变形文字：设置文字的变形方式。

(6) 字符／段落面板：单击该按钮可打开【字符／段落】面板，从中更详细地设置字符和段落的格式。

(7) 取消：用于撤销文字的输入或修改，并退出文字编辑状态。

(8) 提交：用于确认文字的输入或修改，并退出文字编辑状态。

1. 横排文字工具 T

横排文字工具用于创建水平走向、从上向下分行的文字。

(1) 创建横排文字。横排文字工具的基本用法如下。

① 选择横排文字工具，利用选项栏或【字符】面板设置字体、大小、颜色等基本参数。

② 在图像中单击，确定插入点 (此时【图层】面板上生成文字图层)。

③ 输入文字内容。按 Enter 键可向下换行。

④ 单击提交按钮✔，文字创建完毕 (若单击取消按钮◎，则撤销文字的输入)。

(2) 修改横排文字。在【图层】面板上双击文字图层 (此时该层的所有文字被选中)，利用选项栏、【字符】面板或【段落】面板重新设置文字基本参数，最后单击✔按钮确认。

若要修改文字图层中的部分内容，可在选择文字图层和文字工具后，将光标移到对应字符上，拖动光标选择要修改的内容 (图 2.73)，然后对选中内容进行修改并提交。

图 2.73　修改文字图层的部分内容

Photoshop 的【字符】面板如图 2.74 所示。

(1) 两个字符间的字距微调：用于调整两个字符的间距。方法是将插入点放置在两个字符之间，然后从该表中选择或输入宽度数值。负值减小字距，正值加大字距。

(2) 基线偏移：调整文字与基线的距离。正值文字升高，负值文字降低。

(3) 所选字符的比例间距：按指定的百分比数值减少字符周围的空间。数值越大，空间越小。

(4) 所选字符的字距调整：调整所选文字的字符间距。负值减小字距，正值加大字距。

(5) 字体效果：创建不同的文字效果。单击不同的按钮，从左往右，依次为加粗、倾斜、全部大写、小型大写、上标、下标、下划线、删除线等。

(6) 语言：对所选文字进行有关连字符和拼写规则的语言设置。

图 2.74 【字符】面板

2. 直排文字工具 ↓T

直排文字工具用于创建竖直走向、从右向左分列的文字，其用法与横排文字工具类似。

3. 横排文字蒙版工具

横排文字蒙版工具用来创建水平方向的文字选区，不会生成文字图层，其用法如下。

(1) 选择横排文字蒙版工具，利用选项栏或【字符】面板设置文字基本参数。

(2) 在图像窗口单击，确定插入点 (此时进入文字蒙版状态，图像被 50% 不透明度的红色保护起来)。

(3) 输入文字内容。

(4) 若要修改文字属性，必须在提交之前进行。可拖动光标，选择要修改的内容，然后重新设置文字参数，也可对全部文字进行变形。

(5) 单击提交按钮 ✓ (此时退出文字蒙版状态，形成文字选区)。

(6) 编辑文字选区 (描边、填色、添加滤镜等，但要避开文字层、形状层等)。

(7) 取消选区。

4. 直排文字蒙版工具 ↓

直排文字蒙版工具用于创建竖直走向、从右向左分列的文字选，用法与横排文字蒙版工具类似。

2.2.6 吸管工具组

吸管工具组包括吸管工具、颜色取样器工具和标尺工具等。

1. 吸管工具

吸管工具用于从图像中取色。使用该工具在图像上单击，可将单击点或单击区域的颜色吸取为前景色；若按住 Alt 键单击，则将所取颜色设为背景色。吸管工具的选项栏如图 2.75 所示。

(1)【取样大小】：用于设置所取颜色是单击点像素的颜色值，还是单击区域内像素的平均颜色值。

(2)【样本】：选择是基于当前图层取色，还是基于所有图层取色。

(3)【显示取样环】：选择该复选框，可在吸取颜色时使光标周围显示取样环标志。

2.　颜色取样器工具

使用颜色取样器工具可在图像中单击设置取样点 (最多可设置 4 个)，并在【信息】面板中查看各取样点的颜色值，其选项栏如图 2.76 所示。

(1)【取样大小】：与吸管工具的对应参数作用类似。

(2)【清除】：单击该按钮，可删除所有取样点 (按住 Alt 键单击某个取样点，可将其单独删除)。

图 2.75　吸管工具的选项栏　　　　　图 2.76　颜色取样器工具的选项栏

3.　标尺工具

标尺工具用来测量图像中任意两点间的距离，以及这两点的坐标值，其操作要点如下。

(1) 选择标尺工具。在图像上单击并拖动光标创建一条直线段。

(2) 在选项栏和【信息】面板上读取该直线段两个端点间的有关度量信息。

(3) 按住 Shift 键可将标尺工具的拖动方向限制在 45°角的倍数方向上。

(4) 按住 Alt 键，可从现有度量线的一个端点开始拖动光标，创建第二条度量线，二者形成一个量角器。选项栏和【信息】面板上将显示这两条直线的夹角。

标尺工具的选项栏如图 2.77 所示。

图 2.77　标尺工具的选项栏

(1)X 和 Y：显示当前度量线起始点的 X、Y 坐标值 (图像窗口左上角为坐标原点，X 轴正方向水平向右，Y 轴正方向竖直向下)。

(2)W 和 H：显示度量线两端点间的水平距离和垂直距离。

(3)A：显示当前度量线 (从起点到终点方向) 与 X 轴所成的角度，或两条度量线的夹角。

(4)L1：显示度量线的长度。

(5)L2：使用量角器时，用于显示第二条度量线的长度。

下面举例说明标尺工具的一个小应用：计算图像旋转角度。

(1) 打开图像"第 2 章素材 \ 童年 2-01.jpg"，如图 2.78 所示。这是一幅由杂志封面扫描得到的图像，角度有些倾斜。下面将其调整过来。

(2) 使用标尺工具沿原图像边缘（或与原图像边缘平行的方向）拖动光标，创建一条测量线，如图 2.79 所示。此时选项栏显示出该直线与 X 轴所成的角度约为 91.5°（或 −91.5°）。

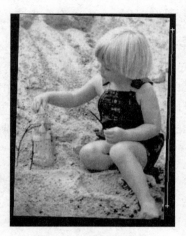

图 2.78　素材图片　　　　　　　　　图 2.79　绘制测量线

(3) 选择菜单命令【图像】|【图像旋转】|【任意角度】，打开【旋转画布】对话框，如图 2.80 所示。在该对话框中，系统已智能检测到正确的旋转角度及旋转方向。

图 2.80　【旋转画布】对话框

(4) 采用默认设置，单击【确定】按钮。此时图像角度调整准确，如图 2.81 所示。

(5) 使用裁剪工具 ⌗ 裁除图像四周的黑色边界（图 2.82），并重新保存图像。

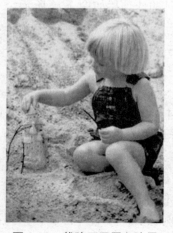

图 2.81　旋转后的图像　　　　　　　图 2.82　裁除四周黑色边界

2.2.7 案例

下面通过几个案例，讲解绘画与填充工具的实际应用。

案例一： 制作邮票

1. 案例说明

【画笔】面板不仅适用于铅笔工具与画笔工具，而且适用于橡皮擦工具、图章工具、历史记录画笔工具、模糊工具组、减淡工具组等。下面使用橡皮擦工具、画笔间距的调整等制作一枚小小的邮票，操作重点为画笔间距的调整。

2. 操作步骤

(1) 打开图像"第 2 章素材 \ 小熊猫 .jpg"，如图 2.83(a) 所示。

(2) 在【图层】面板上双击背景层缩览图，弹出【新建图层】对话框，单击【确定】按钮 (此操作将背景层转化为普通层，从而解除锁定)，如图 2.83(b) 所示。

【视频操作】

(3) 使用菜单命令【编辑】|【变换】|【缩放】，配合 Alt 键和 Shift 键将图层 0 缩小到如图 2.84 所示的大小。

(a) 素材图像   (b)【图层】面板

图 2.83   将背景层转化为普通层   图 2.84   缩小图像

(4) 新建图层 1，将该层拖动到图层 0 的下面，填充黑色，如图 2.85 所示。

图 2.85   创建底色层

(5) 使用矩形选框工具创建如图 2.86 所示的选区。调整选区位置，使其上下左右边框线与画面间距大致相等。

(6) 新建图层 2(使该层位于图层 0 与图层 1 之间)，在该层选区内填充白色，然后取消选择，如图 2.87 所示。

图 2.86　创建选区

图 2.87　创建并编辑图层 2

（7）选择橡皮擦工具。单击选项栏上的【切换画笔面板】按钮，打开【画笔】面板。选择面板左上角的【画笔笔尖形状】选项，设置画笔大小为 5 像素左右、硬度为 100%、间距为 132% 左右，其他参数保持默认值。

（8）确保选中图层 2。将光标定位在如图 2.88 所示的位置（圆形橡皮擦一半放在白色边界内）。按下左键，按住 Shift 键，水平向右拖动光标（结果将邮票一边擦成锯齿状），效果如图 2.89 所示。

图 2.88　确定橡皮擦工具的位置　　　　　　图 2.89　擦除白色边界

（9）使用同样的方法擦除其他三个边界，如图 2.90 所示。

提示

在擦除邮票的白色边界时，尽量不要把四个角擦掉。为了避免这个问题，擦除每个边界时，应注意调整擦除的起始位置；实在无法避免时，还可以微调画笔的间距。保持邮票四个边角的存在，可增加邮票的整体美观性。

（10）在邮票上书写"8 分"和"中国邮政 China"字样，如图 2.91 所示。

（11）存储图像。

【参考图文】

图 2.90　擦除其他三个边界　　　　　　图 2.91　书写文字

案例二：制作蓝花布

1. 案例说明

本例通过油漆桶工具和【定义图案】命令制作蓝花布效果，操作重点为图案的定义方法和技巧。

2. 操作步骤

(1) 新建一个大小 为 60 像素 ×60 像素、分辨率为 72 像素 / 英寸、RGB 颜色模式的图像。将背景填充为黑色。

【视频操作】

(2) 新建图层 1，将图像显示比例放大到 500%。

(3) 选择自定形状工具，将工具模式设置为"像素"。打开"自定形状"拾色器，通过面板菜单加载"装饰"类形状，如图 2.92 所示。

图 2.92　载入"装饰"类形状

(4) 将前景色设置为白色。在图层 1 绘制如图 2.93 所示的图案，移动到左下角。

(5) 新建图层 2，并在图层 2 绘制如图 2.94 所示的图案，移动到右上角。

(6) 在【图层】面板上将黑色背景层隐藏 (隐藏图层的操作请参阅第 4 章相关内容)。

(7) 选择菜单命令【编辑】|【定义图案】，打开【图案名称】对话框，单击【确定】按钮。

提示

在存在矩形选区 (羽化值为 0) 的情况下，【定义图案】命令将基于选区内的图像定义图案；在不存在选区的情况下，【定义图案】命令将基于整个图像定义图案。

(8) 新建一个大小为 600 像素 ×400 像素、分辨率为 72 像素 / 英寸、RGB 颜色模式的图像。将背景层填充为蓝色 (#4c4789)，并新建图层 1。

(9) 选择油漆桶工具，在选项栏上将【填充类型】设为"图案"，并从右侧图案选取器的底部选择上述自定义的图案。

图 2.93　在图层 1 绘制图案

图 2.94　在图层 2 绘制图案

(10) 在素材图像窗口中单击，为图层 1 填充自定义图案，如图 2.95 所示。

(11) 存储图像。

【参考图文】

图 2.95　填充自定义图案

案例三：制作古书

1．案例说明

本例主要使用渐变工具、文字工具等模仿翻开的古书效果，操作重点为自定义渐变。

提示

提示：在启动 Photoshop 之前，请先将"第 2 章素材"中的字体文件"微软雅黑（细）.ttf""微软雅黑（粗）.ttf"和"迷你简柏青.tif"复制到系统盘的"…\WINDOWS\Fonts"文件夹下，下面案例中要用到。

【视频操作】

2．操作步骤

(1) 新建一个大小为 600 像素 ×424 像素、分辨率为 72 像素 / 英寸、RGB 模式的图像，并将背景层填充为黑色。

(2) 新建图层 1，填充浅黄色 (# f3f3dd)。

(3) 选择菜单命令【选择】|【全部】（或按 Ctrl + A 组合键），全选画布。

(4) 选择菜单命令【选择】|【变换选区】，显示变换选区控制框。将右边界中间控制块向左拖动，同时观察选项栏，直到选区宽度变为原来的 50%，如图 2.96 所示，按 Enter 键确认。

图 2.96　变换选区

(5) 选择渐变工具。打开渐变编辑器，在【预设】栏选择"前景色到透明渐变"，并以此为模板在"渐变色控制条"上定义如图 2.97 所示的渐变。

图 2.97　自定义渐变

不透明度色标①：不透明度为 100%，位置 0%。
不透明度色标②：不透明度为 30%，位置 4%。
不透明度色标③：不透明度为 0%，位置 15%。
色标④：颜色 # d8d890，位置 0%。
色标⑤：颜色不限，位置 100%。

(6) 使用上述定义的渐变，在图层 1 的选区内做线性渐变 (按住 Shift 键，从选区右边界水平拖动到左边界)。按 Ctrl + D 组合键取消选区，结果如图 2.98 所示。

图 2.98　在图层 1 的选区内填充自定义渐变

(7) 选择【编辑】|【自由变换】命令，配合 Alt 键和 Shift 键将图层 1 缩小到如图 2.99 所示的大小。

图 2.99　缩小图层 1

(8) 创建如图 2.100 所示的矩形选区。在背景层的选区内填充蓝色 (# 4545eb)，形成书的封面，取消选区。

图 2.100　制作封面

(9) 打开图像"第 2 章素材 \ 素材 2-01.psd"，选择图层 0。按 Ctrl+A 组合键全选图层，按 Ctrl+C 组合键复制图层。切换到"古书"图像，选择图层 1，按 Ctrl+V 组合键粘贴图层。适当缩放，调整位置，如图 2.101 所示。

图 2.101　复制素材图像的图层 0

(10) 确保选中图层 2。选择移动工具，按住 Alt 键，在图像窗口中向右拖动光标复制黑色方格线，放置到如图 2.102 所示的位置。

图 2.102　复制黑色方格线

（11）用记事本程序打开文本文件"第2章素材\文本2-01.txt"，复制其中的全部文字内容。

（12）回到Photoshop窗口，选择图层2拷贝。选择直排文字工具，在图像中单击，按Ctrl+V组合键将文字粘贴过来。

（13）使用【字符】面板调整文字参数：字体为微软雅黑，字号为16，颜色为黑色，行间距34左右，字间距340左右，其他参数默认。

（14）将文字进行分列等处理，移动到如图2.103所示的位置(后面多余的文字可删除)。

（15）将最左边一列中"苏轼·前赤壁赋 节选"的字体更改为迷你简柏青，字号更改为14。存储图像。

图 2.103　创建并编辑文字

提示

在本例最后文字的处理中，可在中间加空白列，并调整空白列的列间距。若感觉这种方法比较麻烦，最好的办法就是采用两个文本层进行处理。

2.3　修图工具的使用

Photoshop CC 的修图工具包括图章工具组、修复画笔工具组、模糊工具组和减淡工具组，功能强大，可用于快速修复数字相片中的瑕疵和不足之处。

2.3.1　图章工具组

图章工具组包括仿制图章工具和图案图章工具，用于复制图像。其复制的方式完全不同于【编辑】|【拷贝】与【编辑】|【粘贴】命令。仿制图章工具首先在源图像中以特定的方式取样，然后通过拖动光标将取样数据复制到目标区域。

1．仿制图章工具

仿制图章工具以图像中的某一点作为参照点进行信息复制，然后将其应用到图像的其他部分或另一图像中，一般用于仿制图像或快速去除图像中的缺陷。仿制图章工具常配合【仿制源】面板一起使用，其选项栏如图2.104所示。

图 2.104　仿制图章工具的选项栏

(1) 按钮：选择该按钮，可打开【仿制源】面板。

(2)【对齐】：选择该复选框，复制图像时无论一次起笔还是多次起笔都是参照同一个取样点和原始样本数据。否则，每次停止并再次开始拖动光标时都是重新从原取样点开始复制，并且使用最新的样本数据。

(3)【样本】：确定从哪些可见图层进行取样，包括"当前图层"（默认选项）、"当前和下方图层"和"所有图层"三个选项。

(4) 按钮：选择该按钮，可忽略调整层对被取样图层的影响。关于调整层，请参阅第 7 章相关内容。

下面举例说明仿制图章工具的基本用法。

(1) 打开图像"第 2 章素材 \ 小鸟 2-01.jpg"，如图 2.105 所示。

(2) 选择仿制图章工具，设置画笔大小为 17 像素，选择【对齐】复选框，其他选项默认。

(3) 将光标移动到取样点（比如小鸟的眼睛部位），按住 Alt 键单击取样。

(4) 松开 Alt 键，将光标移动到图像的其他区域（若存在多个图层，也可切换到其他图层；当然也可以选择其他图像），按住左键拖动光标，开始复制图像（注意源图像数据的"+"取样点，适当控制光标拖动的范围），如图 2.106 所示。

图 2.105　打开素材图像

当前取样点　当前拖移位置

图 2.106　仿制图像

(5) 如果想更好地定位，可选择菜单命令【窗口】|【仿制源】，打开【仿制源】面板（图 2.107）。选择【显示叠加】复选框，不选择【已剪切】复选框，并适当降低【不透明度】数值。在图像中移动光标，很容易确定一个开始按键复制的合适位置，如图 2.108 所示。

图 2.107　【仿制源】面板

图 2.108　定位后拖动光标复制

(6) 由于在选项栏上选择了【对齐】复选框，中途可松开鼠标左键暂时停止复制；然后再次按住左键，继续拖动复制，直到将整个小鸟复制出来，如图 2.109 所示。

(7) 在【仿制源】面板上选择【水平翻转】按钮，并将宽度 (W) 与高度 (H) 比例设置为 130%，在图像左侧复制出第 4 只小鸟，如图 2.110 所示。

图 2.109　借助【仿制源】面板复制图像　　　　图 2.110　缩放并翻转复制

 提示

　　【仿制源】面板与仿制图章、修复画笔等工具配合使用，可以定义多个采样点 (就好像使用 Office 软件时，操作系统可以同时保留多个剪贴板内容一样)，并提供每个采样点的具体坐标。

　　2. 图案图章工具

　　图案图章工具可以使用预设图案或自定义图案进行绘画，其选项栏如图 2.111 所示，其中大多选项与仿制图章工具类似。

展开的图案选取器

图 2.111　图案图章工具的选项栏

　　【印象派效果】：选择该复选框，能够产生具有印象派绘画风格的图案效果。

图案图章工具的操作要点如下。

(1) 选择图案图章工具，从选项栏上选择合适的画笔大小。

(2) 打开图案选取器，选择预设图案或自定义图案 (关于图案的定义方法可参考 2.2.3 节)。

(3) 在图像中拖动光标，将选取的图案以拼贴的形式绘制出来，如图 2.112 所示。

图 2.112　使用图案图章工具绘画

2.3.2 修复画笔工具组

修复画笔工具组包括污点修复画笔工具、修复画笔工具、修补工具、内容感知移动工具和红眼工具，主要用于图像的修复或修补。其中，内容感知移动工具是从 Photoshop CS6 版本开始新增加的工具。

1. 修复画笔工具 🩹

修复画笔工具用于去除图像中的瑕疵或复制局部对象。与仿制图章和图案图章工具的用法类似，该工具可将取样图像或图案，以涂抹绘画的方式应用于目标图像。不仅如此，修复画笔工具还能够将样本图像或图案的纹理、光照、透明度和阴影等属性与所修复的图像进行匹配，使修复后的图像自然融入周围的环境。修复画笔工具的选项栏如图 2.113 所示。

图 2.113　修复画笔工具的选项栏

【源】：选择样本像素。有取样和图案两种选择。

①【取样】：从当前图像取样。操作方式与仿制图章工具相同。

②【图案】：选择该单选按钮后，可单击右侧的三角按钮，打开图案选取器，从中选择预设图案或自定义图案作为样本图像。

其他选项与仿制图章工具的对应选项类似。

修复画笔工具的基本用法如下。

(1) 打开图像"第 2 章素材 \ 风景 2-02.jpg"。

(2) 选择修复画笔工具，在选项栏上设置画笔大小为 73 像素、硬度为 0%，选择【取样】单选按钮，其他选项保持默认。

(3) 将光标移动到远处的小船上，如图 2.114 所示，按住 Alt 键单击取样。

(4) 松开 Alt 键，将光标移动到图像的其他地方 (若存在多个图层，可切换到其他图层，也可以选择其他图像)。单击或拖动复制图像 (注意源图像数据的十字取样点，适当控制光标拖动的范围，也可配合【仿制源】面板进行复制)，效果如图 2.115 所示。

图 2.114　定位取样点　　　　　　　　图 2.115　修复效果

(5) 在选项栏上选择【图案】单选按钮，从图案选取器选择一种图案。

(6) 在图像中拖动光标，复制图案。

2.　污点修复画笔工具

污点修复画笔工具可以快速去除图像中的污点、裂痕等不理想的部分。该工具操作时不需要指定取样点，能够自动从所修复区域或周围取样。

污点修复画笔工具的选项栏如图 2.116 所示。

图 2.116　污点修复画笔工具的选项栏

【类型】：选择样本图像的类型，有【近似匹配】、【创建纹理】和【内容识别】三种选择 (其中【内容识别】为 Photoshop CS5 版本开始新增的选项)。

①【近似匹配】：使用选区边缘周围的像素修补选区内的图像。如果此选项的修复效果不能令人满意，也可在撤销修复操作后尝试使用【创建纹理】或【内容识别】选项。

②【创建纹理】：使用选区内的所有像素创建一个用于修复选区的纹理。如果修复效果不理想，可尝试再次修复。

③【内容识别】：使用选区周围的像素进行修复。

其他选项与修复画笔工具的对应选项类似。污点修复画笔工具的基本用法如下。

(1) 打开图像"第 2 章素材 \ 花瓶 .jpg"，如图 2.117 所示。

(2) 选择污点修复画笔工具，在选项栏上设置画笔大小为 20 像素、硬度为 0%，选择【近似匹配】单选按钮，其他选项保持默认。

(3) 将光标定位于花瓶左上角裂痕的起始端，沿裂痕方向拖动光标 (图 2.118) 进行修复，结果如图 2.119 所示。

图 2.117　素材图像　　　图 2.118　沿裂痕拖动光标　　　图 2.119　修复结果

3.　修补工具

修补工具可使用其他特定区域的图像或所选图案修复选区内的图像，或将选区内的图像修补到图像的其他地方。和修复画笔工具一样，修补工具可将样本像素的纹理、光照和阴影等信息与待修复的图像进行匹配。修补工具的选项栏如图 2.120 所示。

图 2.120　修补工具的选项栏

（1）选区运算按钮：与选择工具的对应选项用法相同。

（2）【修补】：包括【源】和【目标】两种使用补丁的方式。

①【源】：使用其他特定区域的图像修复选区内的图像。先选择需要修复的区域，再将选区拖动到要取样的目标区域上。

②【目标】：将选区内的图像修补到图像的其他地方。先选择要取样的区域，再将选区拖动到需要修复的目标区域上。

（3）【透明】：将取样图像或所选图案以透明方式应用到要修复的图像上。

（4）【使用图案】：单击右侧的三角按钮，打开图案选取器，从中选择预设图案或自定义图案作为取样像素，修补到当前选区内。

1）修补工具的基本用法（一）

（1）打开图像"第 2 章素材 \ 白郁金香 .jpg"。

（2）选择修补工具，在选项栏上选择【源】单选按钮。在图像上拖动光标粗略选择小蚂蚁（当然，也可以使用其他工具创建选区），如图 2.121 所示。

（3）如果需要的话，使用修补工具及选项栏上的选区运算按钮调整选区（当然，也可以使用其他工具如套索工具等调整选区）。

（4）将光标定位于选区内，拖动选区到要取样的区域（该区域的颜色、纹理等尽量与原选择区域相似，如图 2.122 所示）。松开鼠标按键，原选区内图像被修补。取消选区，如图 2.123 所示。

图 2.121　选择待修复区域　　　图 2.122　寻找取样区域　　　图 2.123　修复效果

2）修补工具的基本用法（二）

（1）打开图像"第 2 章素材 \ 脚印 .jpg"。

（2）选择修补工具，在图像上拖动光标以选择要取样的区域，如图 2.124 所示。在选项栏上选择【目标】单选按钮。

（3）如果需要的话，使用修补工具或选择工具及选项栏上的选区运算按钮调整选区。

（4）将光标定位于选区内，拖动选区，覆盖住想要修复的区域，如图 2.125 所示。松开鼠标按键，完成图像的修补。取消选区，修复效果如图 2.126 所示。

图 2.124　选择取样区域　　　图 2.125　拖动到其他位置　　　图 2.126　修复效果

3）修补工具的基本用法（三）

(1) 打开图像"第 2 章素材 \ 人物 2-02.jpg"。

(2) 选择修补工具，在图像上拖动光标选择人物的外套，如图 2.127 所示。

(3) 如果需要的话，使用修补工具或选择工具及选项栏上的选区运算按钮调整选区。

(4) 在选项栏上选择【透明】复选框。从图案选取器中选择一种预设图案或自定义图案，单击【使用图案】按钮。取消选区，结果如图 2.128 所示。

图 2.127　选择要修复的区域　　　　　图 2.128　修复效果

4. 内容感知移动工具

内容感知移动工具可以将所选局部图像移动或复制到图像的其他位置。移动后出现的空隙，能够得到智能修复；复制后的边缘也会自动柔化处理，跟周围图像融合。内容感知移动工具的选项栏如图 2.129 所示。

图 2.129　内容感知移动工具的选项栏

(1)　：选区运算按钮，与选择工具的对应选项用法相同。

(2)【模式】：包括"移动"和"扩展"两种模式。二者的区别在于，前者是移走选区内图像，后者是复制选区内图像。

(3)【适应】：控制图像的修复精度。

下面举例说明内容感知移动工具的用法。

(1) 打开图像"第 2 章素材 \ 人物 2-04.jpg"，如图 2.130(a) 所示。

(2) 选择内容感知移动工具，在选项栏上选择"移动"模式，【适应】设置为"中"。

(3) 在图像中单击并拖动光标粗略选择人物及影子，如图 2.130 (b) 所示。

(4) 将光标定位在选区内，单击并拖动选区到图像右侧适当位置。松开鼠标按键，并取消选区，结果如图 2.130 (c) 所示。

(5) 若在步骤 (2) 中选择"扩展"模式，则按步骤 (3) 和 (4) 操作的结果如图 2.130(d) 所示。

(a) 原图

(b) 选择人物

(c) "移动" 效果

(d) "扩展" 效果

图 2.130　内容感知移动工具的用法

　　使用内容感知移动工具修复的图像往往还存在一些瑕疵，需要使用其他修图工具进一步修饰。

　　5. 红眼工具

　　在光线较暗的房间里拍照时，由于闪光灯使用不当等原因，人物相片上容易产生红眼（即闪光灯导致的红色反光）。使用 Photoshop CC 的红眼工具可轻松地消除红眼。另外，红眼工具也可以消除用闪光灯拍摄的动物照片中的白色或绿色反光。红眼工具的选项栏如图 2.131 所示。

图 2.131　红眼工具的选项栏

　　(1)【瞳孔大小】：设置修复后瞳孔 (眼睛暗色区域的中心) 的大小。

　　(2)【变暗量】：设置修复后瞳孔的暗度。

　　红眼工具的基本用法如下。

　　(1) 选择红眼工具，选项栏保持默认值。

　　(2) 打开图像 "第 2 章素材 \ 红眼 .jpg" (可放大眼睛部位以便看清楚问题区域)，如图 2.132 所示。

　　(3) 在眼睛的红色区域单击即可消除红眼，如图 2.133 所示。若对结果不满意，可撤销操作，尝试使用不同的【瞳孔大小】和【变暗量】参数值。

图 2.132　红眼图像

图 2.133　消除后的效果

2.3.3　模糊工具组

模糊工具组包括模糊工具、锐化工具和涂抹工具，主要用于改变图像的清晰度或混合相邻区域的颜色，也是图像修饰中不可缺少的一组工具。

1. 模糊工具 🌢

模糊工具常用于柔化图像中的硬边缘，或减少图像的细节，降低对比度，其选项栏部分参数如下。

(1)【强度】：设置模糊强度，数值越大，模糊效果越明显。

(2)【对所有图层取样】：选择该复选框，基于所有可见图层的合并效果进行模糊处理。否则，仅使用当前图层中的像素进行模糊处理。

2. 锐化工具 △

锐化工具常用于锐化图像中的柔边，或增加图像的细节，以提高清晰度或聚焦程度，其选项栏部分参数如下。

(1)【强度】：设置锐化强度，数值越大，锐化效果越明显。

(2)【对所有图层取样】：选择该复选框，基于所有可见图层的合并效果进行锐化处理。否则，仅对当前图层中的像素进行模糊处理。

下面通过一个例子说明模糊工具与锐化工具的应用。

(1) 打开图像"第 2 章素材 \ 野花 2-01.jpg"，如图 2.134 所示。

(2) 选择模糊工具，设置画笔大小为 65 像素 (软边界)，模式为"正常"，强度为 100%。

(3) 在图像中要模糊的部分 (如左下角那株小花) 拖动光标。为了得到所需的效果，可在同一处重复拖动多次，如图 2.135 所示。

(4) 选择锐化工具，设置画笔大小为 65 像素 (软边界)，模式为"正常"，强度为 20%。

(5) 在图像中要锐化的部分 (如两朵大的白色花朵及其枝叶) 拖动光标，效果图 2.136 所示。

图 2.134　素材图片

图 2.135　虚化次要对象

图 2.136　突出主题对象

3. 涂抹工具

涂抹工具可以模拟在湿颜料中使用手指涂抹绘画的效果。在图像上涂抹时，该工具将拾取涂抹开始位置的颜色，并沿拖动的方向展开这种颜色。该工具常用于混合不同区域的颜色或柔化突兀的图像边缘，其选项栏部分参数如下。

（1）【强度】：设置涂抹强度，数值越大，涂抹效果越明显。

（2）【对所有图层取样】：选择该复选框，基于所有可见图层的合并效果进行涂抹。否则，仅使用当前图层中的像素进行涂抹。

（3）【手指绘画】：选择该复选框，使用当前前景色进行涂抹。否则，使用光标拖动时起点处图像的颜色进行涂抹。

以下案例为涂抹工具的一个实际应用——改变人物脸型。

（1）打开图像"第 2 章素材 \ 人物 2-01.jpg"。使用选择工具创建如图 2.137 所示的选区（最好使用钢笔工具创建相应的路径，然后转化为选区。这样能保证选区左侧边界的平滑）。

（2）选择涂抹工具，设置画笔大小为 40 像素，硬度为 0%，模式为"正常"，强度为 100%，其他选项保持默认。

（3）在选区左侧沿图 2.138 所示的方向拖动光标，使面孔左侧边缘的颜色延伸到选区边界。取消选区后如图 2.139 所示。

图 2.137　创建选区　　　图 2.138　涂抹修补　　　图 2.139　修补结果

（4）选择模糊工具，设置画笔大小为 15 像素，硬度为 0%，模式为"正常"，强度为 50%。沿修补后的面孔左侧边缘拖动光标，使边缘变得柔和、自然。

2.3.4　减淡工具组

减淡工具组包括减淡工具、加深工具和海绵工具，其主要作用是改变像素的亮度和饱和度，常用于数字相片的颜色矫正。

1. 减淡工具 与加深工具

减淡工具的作用是提高像素的亮度，主要用于改善数字相片中曝光不足的区域。加深工具的作用是降低像素的亮度，主要用于降低数字相片中曝光过度的高光区域的亮度。使用减淡工具和加深工具改善图像，一般是为了增加暗调或高光区域的细节。

减淡工具或加深工具的选项栏如图 2.140 所示。

图 2.140　减淡工具或加深工具的选项栏

(1)【范围】：确定调整的色调范围，有"阴影""中间调"和"高光"三种选择。

①阴影：将工具的作用范围定位于图像的较暗区域，其他区域影响较小。

②中间调：将工具的作用范围定位在介于暗调与高光之间的中间调区域，其他区域影响较小。

③高光：将工具的作用范围定位于图像的高亮区域，其他区域影响较小。

(2)【曝光度】：设置工具的强度。取值越大，效果越显著。

2.　海绵工具

海绵工具主要用于改变图像的色彩饱和度。对于灰度模式(参考第 3 章)的图像，该工具的作用是改变图像的对比度(通过使灰阶偏离或靠近中间灰色而增加或降低对比度)。海绵工具的选项栏如图 2.141 所示。

图 2.141　海绵工具的选项栏

【模式】：确定更改颜色的方式，有"加色"和"去色"两个选项。

①加色：增加图像的色彩饱和度。

②去色：降低图像的色彩饱和度。

下面通过一个例子说明减淡工具、加深工具与海绵工具的实际应用。

(1) 打开图像"第 2 章素材\荷花 2-03.jpg"，如图 2.142 所示。

(2) 选择减淡工具，设置画笔大小为 65 像素 (软边界)，范围为"高光"，曝光度为 20%。

(3) 在图像中的花瓣上来回拖动光标涂抹，结果如图 2.143 所示。

(4) 选择加深工具，设置画笔大小为 200 像素 (软边界)，范围为"中间调"，强度为 20%。

(5) 在图片四周的荷叶上来回拖动光标，降低亮度 (越靠近外围的地方拖动次数越多，使色调变得越暗)，如图 2.144 所示。

(6) 选择海绵工具，设置画笔大小为 35 像素 (软边界)，模式为"加色"，强度为 20%。

(7) 在图片中的花瓣尖部来回拖动光标，增加饱和度，如图 2.145 所示。

经上述修饰后的荷花花瓣更加光彩夺目，娇艳动人。

图 2.142　素材图像

图 2.143　提高花瓣亮度

图 2.144　降低荷叶四周的亮度

图 2.145　提高花瓣尖部的彩度

2.3.5　综合案例——电脑美容

1．案例说明

在修补数字相片的时候，往往要综合使用 Photoshop 的多种修图工具，才能得到满意的结果。对于某一结果，实现的方法可能不止一种，要善于寻找最优的解决方案。"电脑美容"就是修图工具的一次综合应用，从中可以体会 Photoshop 修图工具的强大功能，如图 2.146 所示。

【参考图文】

(a) 原素材图像

(b) 修饰后的图像

图 2.146　电脑美容前后对比

2．操作步骤

【视频操作】

(1) 打开图像"第 2 章素材 \ 人物 2-05.jpg"。选择污点修复画笔工具，在选项栏上设置画笔大小为 14 像素、硬度为 0%，选择【近似匹配】复选框，其他选项保持默认。

(2) 将光标覆盖在眉毛上面的黑点上 (使黑点位于圆圈光标的中心)，单击修复。若单击一次效果不满意，可再次单击，结果如图 2.147 所示。

(3) 选择修补工具，在选项栏中选择【源】单选按钮。在鼻子上拖动光标选择要修复的区域，如图 2.148 所示。

图 2.147　去除黑痣

图 2.148　选择鼻子上要修复的区域

(4) 将选区拖动到如图 2.149 所示的位置，松开鼠标按键。取消选区，结果如图 2.150 所示。

图 2.149　寻找样本区域

图 2.150　修补结果

(5) 选择红眼工具，选项栏保持默认值。在眼睛的红色区域单击，消除红眼现象。

(6) 选择减淡工具，设置画笔大小为 27 像素 (软边界)，范围为 "阴影"，曝光度为 10%。

(7) 在左眼的左下角和右下角附近的眼影或深色部分，来回拖动光标，增加亮度 (也可考虑使用修补工具或仿制图章工具)，结果如图 2.151 所示。

(8) 选择套索工具，设置羽化值为 6(其他参数默认)。圈选左眼 (尽量使选框经过眼睛周围颜色比较接近的区域)，如图 2.152 所示。

图 2.151　消除眼影

图 2.152　圈选左眼

(9) 按住 Alt 键，使用吸管工具将选框边缘处的颜色吸取到背景色按钮上。

(10) 通过选择菜单命令【编辑】|【自由变换】，配合 Alt 键和 Shift 键，将选区内图像放大到 105% 左右 (选项栏上的 W 与 H 参数)，并逆时针旋转 2° (此时选项栏角度参数显示为 度) 左右。

75

（11）如果放大后的眼睛位置不太合适，可使用移动工具适当移位，然后取消选区，如图 2.153 所示。

（12）选择涂抹工具，设置画笔大小为 25 像素左右（软边界），模式为"正常"，强度为 50%，其他选项保持默认。

（13）在左眼的左下眼眶处，沿如图 2.154 箭头标示的方向拖动光标，使眼睛更加饱满。

图 2.153　调整眼睛大小与角度　　　　　　图 2.154　涂抹左眼框

（14）创建羽化值为 2 的椭圆选区，通过选择菜单命令【选择】|【变换选区】，将选区沿顺时针方向适当旋转一定角度，并移动到如图 2.155 所示的位置（贴紧左边较细眉毛的内侧）。

（15）选择仿制图章工具，设置画笔大小 21 像素（软边界），其他选项保持默认。

（16）从眉毛内侧附近取样，将选区内的眉毛涂抹清除，如图 2.156 所示。

图 2.155　创建椭圆选区　　　　　　　　图 2.156　修除选区内眉毛

（17）将选区移动到如图 2.157 所示的位置（贴紧左边较细眉毛的外侧。若选区不合适，可使用【变换选区】命令缩放或旋转调整）。

（18）选择菜单命令【选择】|【反向】使选区反转。同样，使用仿制图章工具将上面的眉毛修掉（从眉毛上面附近取样），如图 2.158 所示。

图 2.157　调整选区　　　　　　　　　　图 2.158　修整眉毛上边缘

（19）取消选区。同理，使用仿制图章工具修整右侧眉毛，如图 2.159 所示。

(20) 选择加深工具，设置画笔大小为 13 像素 (软边界)，范围为"阴影"，曝光度为 20%。

(21) 沿着左边眉毛拖动光标一次，降低亮度，如图 2.160 所示。

图 2.159　修右侧眉毛

图 2.160　描眉

(22) 选择海绵工具，设置画笔大小为 45 像素 (软边界)，模式为"加色"，流量为 10%。

(23) 在左侧眼帘和右侧眼帘区域来回拖动光标，增加饱和度，如图 2.161 所示。至此，整个修图过程结束。

图 2.161　最终效果

小　　结

本章以大量篇幅讲述了 Photoshop 基本工具的使用，将这些工具粗略地分为三类：选择工具、绘画与填充工具和修图工具。通过一些小型例子，让读者了解这些工具的基本用法，书中的一些综合案例，反映了这些工具的实际应用。如果能够熟练掌握其中一些主要基本工具的用法，就已经在通往 Photoshop 神圣殿堂的道路上扎扎实实地向前迈进了一大步。

本章理论部分未提及或超出本章理论范围的知识点如下。

(1) 图层的基础操作：新建图层、删除图层、隐藏图层、合并图层、复制图层、排序图层、背景层与普通层的相互转换等 (参照第 4 章相关内容)。

(2) 图层或选区内图像的缩放、旋转与移动 (非常重要的操作，重点掌握，后面还要多次用到)，相关命令为【编辑】|【自由变换】、【编辑】|【变换】下的【缩放】、【旋转】、【水平翻转】和【垂直翻转】等。

(3) 选区描边 (重点掌握)，相关命令为【编辑】|【描边】。

(4) 选区的缩放与旋转 (非常重要的操作，重点掌握，后面还会用到)，相关命令为【选择】|【变换选区】。

(5) 画布的变换 (非常重要的操作，重点掌握，后面还会用到)，相关命令为【图像】|【画布大小】、【图像】|【旋转画布】。

(6) 图层样式：外发光、投影 (参照第 4 章相关内容)。

习　　题

一、选择题

1．Photoshop 中，选取颜色复杂、边缘弯曲且不规则的区域 (假设该区域周围的颜色也比较复杂) 可以使用 _____ 工具。

  A．矩形选框 B．套索   C．多边形套索   D．魔棒

2．Photoshop CC 中，使用 _____ 工具可以创建文字形状的选区，但不生成文字图层。

  A．普通文字 B．蒙版文字   C．路径文字   D．变形文字

3．减淡工具和加深工具通过增加或降低像素的 _____ 修改图像。

  A．对比度 B．饱和度   C．亮度   D．色相

4．下列不能撤销操作的是 _____。

  A．【历史记录】面板   B．橡皮擦工具

  C．历史记录画笔工具   D．【图层】面板

5．Photoshop CC 中，没有【容差】参数的基本工具是 _____。

  A．魔棒工具 B．油漆桶工具   C．颜色替换工具

  D．魔术橡皮擦工具   E．背景橡皮擦工具

  F．历史记录艺术画笔   G．修复画笔工具

6．Photoshop CC 中，没有【对所有图层取样】或【所有图层】选项的基本工具是 _____。

  A．魔棒工具 B．油漆桶工具   C．涂抹工具

  D．魔术橡皮擦工具   E．仿制图章工具

  F．海绵工具   G．污点修复画笔工具 H．修复画笔工具

7．以下操作与背景色肯定无关的是 _____。

  A．按 Delete 键删除背景层选区内的像素

  B．使用橡皮擦工具擦除背景层像素

  C．变换背景层选区内的像素   D．新建图像

  E．普通层转换为背景层   F．背景层转换为普通层

  G．使用【图像旋转】命令旋转图像

8．使用【定义图案】命令时，符合要求的选区是 _____。

  A．任何形状的选区   B．羽化过的选区

  C．圆角矩形选区   D．用矩形选框工具创建的未羽化选区

9. 在 Photoshop CC 中，下面有关修补工具的使用描述正确的是 _____。

　　A. 修补工具和修复画笔工具在使用时都要先按住 Alt 键在图像上单击以确定取样点

　　B. 修补工具和修复画笔工具在修复图像的同时都可以保留原图像的纹理、亮度、层次等信息

　　C. 修补工具可以在不同图像之间使用

　　D. 在使用修补工具之前所创建的图像选区不能羽化

10. 在 Photoshop CC 中，利用渐变工具创建从黑色至白色的渐变效果，如果想使两种颜色的过渡非常平缓，下面操作有效的是 _____。

　　A. 将渐变工具拖动的距离尽可能长一些

　　B. 将渐变工具拖动的路线控制为斜线

　　C. 将渐变工具的不透明度降低

　　D. 将渐变工具拖动的距离尽可能缩短

11. 下列 _____ 工具的选项栏参数中没有"模式"选项。

　　A. 仿制图章　　　B. 文字　　　　　　C. 画笔　　　　　　D. 铅笔

12. 使用椭圆选框工具时配合 _____ 键能够创建圆形选区。

　　A. Shift　　　　　B. Ctrl　　　　　　C. Alt　　　　　　　D. Tab

二、填空题

1. 【取消选择】命令对应的组合键是 _____。

2. 【自由变换】命令对应的组合键是 _____。

3. 渐变工具包括线性渐变、_____ 渐变、角度渐变、_____ 渐变和菱形渐变 5 种类型。

4. 默认设置下，Photoshop 用 _____ 图案表示透明色。

5. 在铅笔工具与画笔工具中，_____ 工具能够绘制边界柔和的线条，而 _____ 工具只能产生硬边界线条。

三、操作题

1. 利用素材图像"练习 \ 第 2 章 \ 蝴蝶 .jpg"和"风景 01.jpg"（图 2.162）合成图像"飞舞的蝴蝶 .jpg"，如图 2.163 所示。

图 2.162　素材图像

图 2.163　"飞舞的蝴蝶"效果图

2. 利用素材"练习\第2章\新月.jpg"和"赋新月.txt"制作如图 2.164 所示的效果。

提示

可根据个人喜好选择文字的字体、大小、颜色及排列形式；可为文字层添加投影样式。

图 2.164　赋新月（诗配画）

3. 利用素材图像"练习\第2章\风景02.jpg"制作如图 2.165 所示的卡片效果。

图 2.165　效果图

操作提示：

(1) 打开素材图像，将背景层转换为普通层。

(2) 使用【自由变换】命令（配合 Alt 键与 Shift 键）缩小图层。

(3) 新建图层，填充黑色，放置在风景层的下面。

(4) 选择风景层，将前景色设置为白色。

(5) 选择画笔工具，选择合适大小的硬边画笔，【模式】设置为"背后"，适当增大画笔间距，按住 Shift 键在风景图片边沿涂抹。

4. 利用素材"练习\第2章\写信.jpg"（图 2.166）制作如图 2.167 所示的效果。

提示

使用仿制图章工具和【仿制源】面板，适当降低工具的不透明度。

图 2.166 素材图像

图 2.167 效果图

5．利用素材图像"练习\第2章\静以致远.jpg"和"院墙.jpg"制作如图 2.168 所示的效果。

提示

可使用多边形套索工具、文字工具和"描边"命令进行操作。

图 2.168 效果图

6．利用素材图像"练习\第2章\小女孩.jpg"制作如图 2.169 所示的效果。

操作提示：

(1) 新建一个大小为 474 像素 ×430 像素、分辨率为 72 像素 / 英寸、RGB 颜色模式的图像。

(2) 填充线性渐变 (底部起点蓝色 #000066，顶部终点蓝色 #000033)。

(3) 使用椭圆选框工具及选区基本操作绘制月牙儿。

(4) 先用磁性套索工具选择"小女孩"，再用套索工具修补选区，最后用【调整边缘】命令调整选区。

(5) 将"小女孩"复制到新建图像，适当缩放、旋转、移动。

(6) 用画笔工具 (调用特殊形状的画笔笔尖) 绘制星星。

图 2.169　坐在月亮上的小女孩

【参考图文】

　　7. 打开素材图像"练习 \ 第 2 章 \ 人物 .jpg"，使用修图工具修复图中的人物，如图 2.170 所示 (彩色效果可参考"练习中的操作题参考答案 \ 第 2 章 \ 人物修图 .jpg"）。

(a) 原素材图像

(b) 修复后的图像

图 2.170　人物修图

第 3 章

色彩调整

教学要求

- 掌握颜色模式的转换方法。
- 掌握图像色彩的常用调整方法，了解书中提到的其他色彩调整方法。
- 了解三原色、色彩三要素、色彩对比度等基本概念。
- 了解颜色模式的概念；重点了解 RGB、CMYK 颜色模式的原理及应用领域。

教学难点

- 颜色模式的概念。
- 曲线、阴影 / 高光等色彩调整命令。

3.1　色彩的基本知识

3.1.1　三原色

所谓原色，就是不能使用其他颜色混合而得到的颜色。原色分为两类，一类是从光学角度讲的光的三原色，即红、绿、蓝；另一类是从颜料角度讲的色料的三原色，即红、黄、蓝。将光的三原色以不同比例混合可以形成自然界中其他任何一种色光的颜色；将颜料的三原色以不同比例混合可以形成其他绝大多数颜料的颜色。

3.1.2　色彩三要素

1．色相

色相指色彩的外貌。通常所说的红、橙、黄、绿、青、蓝、紫就是指自然界中各种不同的色相，它们之间的差别属于色相的差别。其实质是根据不同波长的光给人的色彩感受的不同，人们为不同波长的光分别赋予不同的名称。

2．饱和度

饱和度指色彩的鲜艳程度、纯净程度，又称彩度、纯度、浓度、强度等。饱和度表示色相中灰色分量所占的比例，它使用从 0%(灰色) 至 100%(完全饱和) 的百分比来度量。饱和度为 0% 的颜色即无彩色 (黑、白、灰)，饱和度为 100% 的颜色则为纯色。

从光学角度讲，在一束可见光中，光线的波长越单一，色光的饱和度越高；波长越混杂，色光的饱和度越低。在光谱中，红、橙、黄、绿、青、蓝、紫等色光是最纯的高纯度色光。无彩色的饱和度最低 (即饱和度属性丧失)，任何一种颜色加入黑、白、灰等无彩色都会降低其饱和度。

3．亮度

亮度指色彩的相对明暗程度，又称明度，通常用 0% ～ 100% 的百分比值来度量。任何一种颜色，当亮度为 0% 时即为黑色；当亮度为 100% 时，即为白色。在绘画中，亮度最能够表现物体的立体感和空间感。

自然界中的颜色可分为无彩色和有彩色两大类。其中无彩色 (黑、白、灰) 只有亮度属性，其他任何一种有彩色都具有特定的色相、饱和度和亮度属性。

颜色三要素在 Photoshop 拾色器中的变化规律如图 3.1 所示。

【参考图文】

图 3.1　Photoshop 的拾色器

3.1.3　色彩的对比度

色彩的对比是指在两种或两种以上的色彩之间所存在的明显差别，这种差别主要表现在亮度差别、色相差别、饱和度差别、面积差别和冷暖差别等方面，差别的程度用对比度表示。

提示

人们把红、橙、黄等色系称为暖色系；而把蓝、蓝紫、蓝绿等色系称为冷色系。原因是当人们看到红、橙、黄等颜色时就会感觉到温暖，而看到蓝、蓝紫、蓝绿等颜色时就感到凉爽。这是由视觉引起的触觉反应。

3.2　颜色模式及转换

3.2.1　颜色模式

颜色模式是一种用数字形式记录图像颜色的方式。为了表示各种颜色，人们通常将颜色划分为若干分量，形成多种不同的颜色模式。

由于成色原理的不同，那些靠色光直接合成颜色的设备 (显示器、投影仪、扫描仪等)，和那些靠使用颜料合成颜色的印刷设备，在生成颜色方式上肯定是不一样的；因此适合使用不同的颜色模式输出图像。

颜色模式决定了数字图像在显示和打印时的色彩重现方式。颜色模式除了用于确定图像中显示的颜色数量外，还影响图像的通道数和文件大小。Photoshop 系统提供了 HSB 颜色、RGB 颜色、CMYK 颜色、Lab 颜色、索引颜色、双色调、灰度、位图和多通道等多种颜色模式。不同颜色模式的图像具有不同的用途，它们描述图像和重现色彩的原理也存在着很大差别。不同颜色模式的图像可以相互转换。

(1) RGB 颜色模式：自然界中任何一种色光可用红 (R)、绿 (G) 和蓝 (B) 三种原色光按不同比例和强度混合产生。RGB 颜色模式的图像中，每一个像素点的颜色都由红、绿和蓝三种原色成分组成；因此每个像素点的颜色值可用 RGB(r，g，b) 的形式表示。其中，r、g、b 分别表示红、绿和蓝色分量，取值范围都是 0 ～ 255。0 表示不含这种原色，255 表示这种原色的混合强度最大。比如，RGB(0，0，0) 表示黑色，RGB(255，255，255) 表示白色，RGB(255，0，0) 表示纯红色等。

RGB 模式是 Photoshop 中最常用的一种颜色模式。在这种颜色模式下，Photoshop 能够正常使用的滤镜和其他命令最多。

RGB 颜色模式的图像一般比较鲜艳，适用于显示器、投影仪、扫描仪等可以自身发射并混合红、绿、蓝三种光线的设备。它是 Web 图形制作中最常使用的一种颜色模式。

(2) CMYK 颜色模式：CMYK 模式是一种印刷模式。其中，C、M、Y、K 分别表示青、洋红、黄、黑四种油墨颜色。理论上，纯青色 (C)、洋红 (M) 和黄色 (Y) 色素合成后可以产生黑色，由于所有印刷油墨都包含一些杂质，因此这三种油墨实际混合后并不能产生纯黑色或纯灰色，必须用一定量的黑色 (K) 油墨调和后才能形成真正的黑色或灰色。因此，在印刷时必须加上一个黑色。为避免与蓝色 (B) 混淆，黑色用 K 表示。这就是 CMYK 模式的由来。

CMYK 模式与 RGB 模式本质上无多大差别，只是产生色彩的原理不同。由于 CMYK 图像所占的存储空间较大，而且目前还不能使用某些 Photoshop 滤镜，因此一般不在这种模式下处理图像。通常是等图像处理好后，在印刷前将颜色模式转换为 CMYK 模式。CMYK 模式的图像一般比较灰暗。

(3) HSB 颜色模式：HSB 模式是美术和设计工作者比较喜欢采用的一种颜色模式。它以人的视觉对颜色的感受为基础，用颜色的三个基本特性——色相 (H)、饱和度 (S) 和亮度 (B) 来描述颜色。

Photoshop 不直接支持 HSB 颜色模式。尽管可以使用 HSB 模式从【颜色】面板或【拾色器】对话框中定义颜色，但是并没有用于创建和编辑图像的 HSB 模式。

(4) Lab 颜色模式：Lab 颜色模式使用亮度分量 L、a 色度分量 (从绿色到红色) 和 b 色度分量 (从蓝色到黄色) 三个分量表示颜色，如图 3.2 所示。其中 L 的取值范围是 0 ～ 100，a 和 b 在【拾色器】对话框中的取值范围是 −128 ～ 127。

Lab 模式是 Photoshop 图像在不同颜色模式之间转换时使用的中间模式。比如在将 RGB 图像转换为 CMYK 图像时，Photoshop 首先将图像由 RGB 模式转换为 Lab 模式，再由 Lab 模式转换为 CMYK 模式。Lab 模式在所有颜色模式中色域最宽，包括 RGB 模式和 CMYK 模式中的所有颜色。所以在颜色模式转换的过程中，不用担心会造成任何色彩上的损失。

Lab 颜色模式与设备无关，不管使用何种设备 (如显示器、打印机、计算机或扫描仪) 创建或输出图像，这种模型都能生成一致的颜色。

(5) 灰度模式：灰度模式使用多达 256 级灰度表现图像，使图像的过渡平滑而细腻，如图 3.3 所示。灰度图像中每个像素的亮度取值范围为 0(黑色) ～ 255(白色)，而所有像素的色相和饱和度值都为 0。此外，灰度图像中像素的亮度也可以用黑色油墨覆盖的百分比度量 (0% 表示白色，100% 表示黑色)。

在将彩色图像转换为灰度图像时，Photoshop 将丢弃原图像中的所有彩色信息 (色相和饱和度)，仅保留亮度信息。转换后每个像素的灰阶表示原图像中对应像素的亮度。

【参考图文】 在将彩色图像 (如 RGB 模式、CMYK 模式、Lab 模式的图像等) 转换为位图图像或双色调图像时，必须先转换为灰度图像，才能做进一步的转换。

图 3.2　Lab 模式组成图　　　　　　　　图 3.3　灰度图像

(6) 位图模式：仅用黑白两种颜色表示图像，因此这种模式的图像又称为黑白图像，如

图 3.4 所示。由于这种图像仅含黑白两种颜色，图像中的颜色信息比较少，使得文件非常小。

　　人们习惯上说的黑白照片或黑白影像实际上为灰度图像，并非真正意义上的黑白图像 (位图模式图像)。

　　当灰度图像或双色调图像转换为位图图像时，原图像的大量细节 (特别是浅色部分) 将被抛弃，为此，Photoshop 提供了 50% 阈值、图案仿色、扩散仿色和半调网屏等多种算法来确定细节部分的保留方式和保留程度。

图 3.4　位图图像

　　(7) 索引颜色模式：使用最多 256 种颜色表现图像色彩。在这种模式下，Photoshop 能对图像进行的操作非常有限，图像编辑起来很不方便。如果想制作索引颜色模式的图像，通常应先将图像在 RGB 模式下编辑好，最终再转换为索引颜色模式进行输出。

　　当图像转换为索引颜色模式时，Photoshop 将构建一个颜色查找表，用来存放并索引图像中的颜色。如果原图像中的某种颜色没有出现在该表中，则 Photoshop 将使用现有颜色表中最接近的一种颜色代替，或使用现有颜色模拟该颜色。

　　对于索引颜色模式的图像，通过限制其色板中的颜色数量，可以在图像视觉品质不受太大影响的情况下有效地减小文件所需的存储空间。这一点对于 Web 图像的制作非常重要。

　　只有 RGB 模式和灰度模式的图像才可以转换为索引颜色模式。索引颜色模式常用于 Web 图像和动画。例如，利用索引颜色模式可导出透明背景的 GIF 图像。

　　(8) 双色调模式：双色调模式是在灰度图像的基础上添加一种到四种彩色油墨，形成单色调、双色调、三色调和四色调的图像。

　　双色调模式的主要用途是在图像中使用尽量少的颜色表现尽量丰富的颜色层次，其目的就是尽可能地节约印刷成本。

　　(9) 多通道模式：多通道模式的图像在每个通道中使用 256 级灰度。该模式适用于有特殊打印要求的图像。对于仅使用了少数几种颜色的图像来说，使用该模式进行打印不仅可降低印刷成本，还能够保证图像色彩的正确输出。

　　在将图像转换为多通道模式时，遵循下列原则。

　　① RGB 图像转换为多通道模式时，将创建青、洋红和黄色专色通道。

　　② CMYK 图像转换为多通道模式时，将创建青、洋红、黄和黑色专色通道。

　　③从 RGB、CMYK 或 Lab 图像中删除通道时，原图像自动转换为多通道模式。

　　由于大多数输出设备不支持多通道模式的图像，若要将其输出，请以 Photoshop DCS2.0(*.EPS) 格式存储多通道图像。

3.2.2 颜色模式的转换

为了在不同场合下正确地输出图像，或者为了方便图像的编辑修改，常常需要转换图像的颜色模式。

当图像由一种颜色模式转换为另一种颜色模式时，图像中每个像素点的颜色值将被永久性地更改；这可能对图像的色彩表现造成一定的影响。因此，在转换图像的颜色模式时，应注意以下几点。

(1) 尽可能在图像原有的颜色模式下完成对图像的编辑修改，最后进行模式转换。

(2) 在转换颜色模式之前，务必保存包含所有图层的原图像的副本，以便日后需要时还能够找到图像的原始数据。

(3) 当颜色模式更改后，不同混合模式的图层间的颜色相互作用也将更改。因此，颜色模式转换前应拼合图像的所有图层。

转换图像颜色模式的一般方法是在【图像】|【模式】菜单下直接选择相应的颜色模式命令，完成转换。

案例一： 制作黑白插画效果

1. 案例说明

黑白画很美，有其独特的艺术魅力。它巧妙地运用黑白灰的强弱对比关系，使画面的明暗产生音乐般的节奏、旋律和美感。本例通过将 RGB 彩色图像转换为位图图像，制作黑白插画效果。

2. 操作步骤

(1) 打开 RGB 模式的图像"第 3 章素材\风景 3-02.jpg"。选择【图像】|【模式】|【灰度】命令，弹出 Photoshop 颜色警告框，单击【确定】按钮，将图像转换为灰度模式，如图 3.5 所示。

(2) 选择【图像】|【模式】|【位图】命令，打开【位图】对话框，如图 3.6 所示。

图 3.5　转换为灰度图像

图 3.6　【位图】对话框

(3) 在【输出】文本框内设置位图图像的输出分辨率。在【使用】下拉列表框中选择一种转换方法，单击【确定】按钮，将图像转换为位图模式。图 3.7 是使用"50% 阈值"转换方法计算出来的位图效果。

提示

在【位图】对话框的【使用】下拉列表框中选择"半调网屏"选项后，单击【确定】按钮，弹出【半调网屏】对话框，如图 3.8 所示。从中可以设置网点的密度、角度和形状属性。

图 3.7　"50% 阈值"位图效果

图 3.8　【半调网屏】对话框

案例二： 双色调图像的制作

1．案例说明

将图像由灰度模式转换为双色调模式，可以在灰度图像的色阶上添加彩色油墨，形成别具韵味的色调图像。

2．操作步骤

(1) 打开灰度模式的图像"第 3 章素材 \ 花前月下 .jpg"，如图 3.9 所示。

(2) 选择【图像】|【模式】|【双色调】命令，打开【双色调选项】对话框，如图 3.10 所示。

图 3.9　素材图像

图 3.10　【双色调选项】对话框

(3) 选择对话框的【预览】复选框，以便对话框的参数改动能实时反映到图像窗口。

(4) 在【类型】下拉列表框中选择"单色调"选项。单击【油墨 1(1)：】后面的色块■，从【拾色器】对话框中选择颜色 RGB(0，51，255)，在右边的文本框中输入油墨名称"蓝色"，如图 3.11 所示。

【参考图文】

图 3.11　单色调图像

(5) 单击【油墨 1(1)：】后面的曲线框□，弹出【双色调曲线】对话框。在曲线上单击添加控制点，在竖直方向拖动控制点 (也可直接在对话框右侧的水平轴刻度框内输入百分比数值)，调整双色调曲线的形状，从而改变油墨在暗调、中间调和高光等区域的分布，如图 3.12 所示。

【参考图文】

图 3.12　利用双色调曲线调整图像色调

 提示

在双色调曲线图中，水平轴表示色调变量 (从左向右由高光向暗调过渡)，垂直轴表示油墨的浓度。曲线上扬，表示增加对应色调区域的打印油墨量；曲线下降，表示减少对应色调区域的打印油墨量。

(6) 单击【确定】按钮，返回【双色调选项】对话框。

(7) 从【类型】下拉列表框中选择"双色调"选项。使用与前面类似的方法可以在原灰度图像中添加由两种颜色混合的色调。依此类推，可以设置"三色调"和"四色调"。

案例三：输出透明背景的 GIF 图像

1. 案例说明

透明背景的 GIF 图像常用于网页、FLASH 动画、视频和其他多媒体作品中。由于背景色是透明的，它可以与主界面结合得天衣无缝，使得作品界面更显活泼、自然与美观。本例利用 RGB 图像素材制作并输出透明背景的 GIF 图像。在此过程中，图像由 RGB 颜色模式自动转换为索引颜色模式。

2. 操作步骤

(1) 打开图像"第 3 章素材\花伞 3-01.jpg"。在【图层】面板上双击背景层缩览图，弹出【新建图层】对话框，单击【确定】按钮 (此操作将背景层转化为普通层，从而解除锁定)。

(2) 使用魔棒工具 (采用默认设置) 选择图像中花伞以外的背景区域，如图 3.13 所示。

(3) 按 Delete 键删除选区内的像素，按 Ctrl+D 组合键取消选择，如图 3.14 所示。

 提示

在背景的选取中，应根据不同情况采用合适的选择工具。本例图片背景颜色相对单一，使用魔棒工具、快速选择工具、【色彩范围】命令等都可以。

图 3.13　选择要处理为透明的区域　　　　图 3.14　删除选区内像素

(4) 选择【文件】|【存储为 Web 所用格式】命令，打开【存储为 Web 所用格式】对话框，参数设置如图 3.15 所示。

图 3.15　设置【存储为 Web 所用格式】对话框参数

本例所设置的主要参数作用如下。

① GIF：选择要存储的文件格式，包括 GIF、JPEG、PNG-8、PNG-24 和 WBMP 等选项，其中只有 GIF、PNG-8 和 PNG-24 支持透明背景。

② 可选择 颜色：256：选择调色板类型。对于"可感知""可选择"和"随样性"三个选项，可以使用基于当前图像颜色的本地调色板，图像颜色过渡细腻。选择"受限"，则使用网络安全色调色板，图像颜色过渡往往比较粗糙。通过右侧【颜色】下拉列表框中的选项，可以控制要显示的实际颜色数量（最多 256 种），以便有效地控制文件的大小。

③ ☑透明度：选择该项，将保留图像的透明区域。否则，Photoshop 将使用杂边颜色填充透明区域，或者用白色填充（如果不选择杂边颜色）透明区域。

④ 杂边：：在与透明区域相邻的对象周围生成一圈用于消除锯齿边缘的颜色。若前面选择了【透明度】复选框，则可对边缘区域应用杂边。否则，将对整个透明区域填充杂边颜色。若前面选择了【透明度】复选框，而【杂边】选择"无"，则在对象与透明区域接界处产生硬边界。

⑤ ☐交错：选择该复选框，图像通过浏览器下载时可逐渐显示，适用于下载速度比较慢的场合（如比较大的图像），但是采用交错技术也会增加文件大小。

⑥ ［扩散 ▼］ ［仿色：100% ▼］：选择仿色算法（用于模拟颜色表中没有的颜色），并输入仿色数量（数值越大，所仿颜色越多，文件所占存储空间越大）。

⑦ ［无透明度仿色 ▼］ ［数量： ▼］：指定透明区域的仿色算法。

（5）单击【存储】按钮，弹出【将优化结果存储为】对话框，选择保存格式为"仅限图像"，输入文件名，指定保存位置，单击【保存】按钮。透明背景的 GIF 图像输出完毕。

提示

所选杂边颜色应考虑到该透明背景的 GIF 图像所要应用到的媒体界面的颜色。比如，该 GIF 图像要插入网页，而当前网页的背景色为黑色，则杂边颜色应使用黑色。

虽然 GIF 格式与 PNG 格式都支持透明背景，但二者存在着较大的差别。GIF 格式最多支持 8 位即 256 种颜色，因此比较适合保存色彩简单、颜色值变化不大的图像（如卡通画、漫画等）。使用 GIF 格式保存的图像能够使文件得到有效的压缩，并且图像的视觉效果影响不大。PNG-24 格式支持 24 位真彩色，支持消除锯齿边缘的功能，可以在不失真的情况下压缩保存图像，比较适合保存色彩丰富的图像（如照片等）。当然，PNG-24 图像的容量比 GIF 图像要大一些。

将色彩比较丰富的图像输出为透明背景图像时，建议采用 PNG-24 格式（输出方法比较简单）。

3.3　色彩调整方法

色彩调整是获得高质量图像的重要手段。特别是对于数码拍摄技术不太娴熟的朋友，能够熟练地应用 Photoshop 软件调整图像颜色就显得尤其重要了。

3.3.1　常用调色命令

1. 亮度 / 对比度

【亮度 / 对比度】命令是 Photoshop 调整图像色调范围最简捷的方法，用于在总体上改变图像中所有像素的颜色或色调值。利用【亮度 / 对比度】命令调色容易引起图像细节的丢失，所以尽量不要用于高端输出。

打开图像"第 3 章素材 \ 粉笔字 .psd"，如图 3.16 所示。在【图层】面板上选择图层 1，选择【图像】|【调整】|【亮度 / 对比度】命令，弹出【亮度 / 对比度】对话框。

沿【亮度】滑动条向右拖动滑块增加亮度，向左拖动降低亮度。沿【对比度】滑动条向右拖动滑块增加对比度，向左拖动降低对比度。也可以直接在【亮度】或【对比度】数值框内输入数值（范围都是 -100 ～ +100），调整图像的亮度和对比度。

过度调整亮度和对比度的值都会造成图像细节的丢失。

图 3.17 所示为【亮度 / 对比度】的参数设置及图像调整结果。

【参考图文】

图 3.16　原图　　　　　图 3.17　对话框设置及调整结果　　　　　【参考图文】

2. 色彩平衡

在图像中，增加一种颜色等同于减少该颜色的补色。【色彩平衡】命令就是根据该原则，通过在图像中增减红、绿、蓝三原色和它们的补色(青、洋红、黄)，从而改变图像中各原色的含量，达到调整色彩平衡的目的。

打开图像"第 3 章素材 \ 茶花 3-01.jpg"，如图 3.18 所示。选择【图像】|【调整】|【色彩平衡】命令，弹出【色彩平衡】对话框，如图 3.19 所示。

图 3.18　原图　　　　　图 3.19　【色彩平衡】对话框初始设置

【色彩平衡】对话框的操作要点如下。

(1) 选择【阴影】、【中间调】和【高光】选项中的一个，以确定要着重更改的色调范围。默认选项为【中间调】。

(2) 选择【保持明度】复选框，可以防止图像的亮度值随色彩平衡的调整而改变。该选项可以保持图像的色调平衡。

(3) 沿【青色】—【红色】滑动条向右拖动滑块，以增大红色的影响范围，减小青色的影响范围；向左拖动滑块则情况相反。

(4)【洋红】—【绿色】滑块及【黄色】—【蓝色】滑块的调整类似。上述调整的结果数值将实时显示在【色阶】后面的三个数值框内。也可以直接在数值框内输入数值(取值范围都是 –100 ～ +100) 调整图像的色彩平衡。

如图 3.20 所示为本例中【色彩平衡】对话框的参数设置及图像调整结果。

【参考图文】

图 3.20　调整图像的色彩平衡

3. 色相 / 饱和度

【色相/饱和度】命令用于调整整个图像或图像中单个颜色成分的色相、饱和度和亮度。此外，使用其中的【着色】复选框还可以将彩色图像处理成单色调效果的图像 (图像颜色模式不变)。

1) 在 RGB 图像上创建单色调效果

打开图像 "第 3 章素材 \ 童年 3-01.jpg"，使用磁性套索工具或快速选择工具创建如图 3.21 所示的选区。

选择【图像】|【调整】|【色相 / 饱和度】命令，打开【色相 / 饱和度】对话框，如图 3.22 所示。

图 3.21　创建选区　　　　　　　　图 3.22　【色相 / 饱和度】对话框

选择对话框中的【着色】复选框。此时，【全图】下拉列表框的默认选项不能更改，表示只允许对选区内图像进行整体调色。

沿【色相】滑动条拖动滑块修改选区内图像的色相 (取值范围为 -180 ～ +180)。沿【饱和度】滑动条向右拖动滑块增加饱和度，向左拖动降低饱和度 (取值范围为 -100 ～ +100)。沿【明度】滑动条向右拖动滑块增加亮度，向左拖动降低亮度 (取值范围为 -100 ～ +100)。

将【色相 / 饱和度】对话框的参数设置为如图 3.23 所示，图像调整结果如图 3.24 所示。

提示

图中小女孩的衣服调整为黄色，同时衣服上的花朵图案也变成黄色调。因此，上述方法比较适用于为单色对象着色。在为"黑白"照片上色时，首先应将图像的颜色模式转换为 RGB 等彩色模式，再使用【色相 / 饱和度】命令进行着色。

【参考图文】

图 3.23　【色相 / 饱和度】对话框参数设置 (一)　　　图 3.24　单色调效果

2) 调整整个图像或图像中的单个颜色成分

重新打开图像 "第 3 章素材 \ 童年 3-01.jpg"，并建立与上述相同的选区。打开【色相 / 饱和度】对话框 (不选择【着色】复选框)。在【全图】下拉列表框中选择 "黄色" 选项，这样只能对选区内图像中的黄色成分进行调整。

将对话框参数设置为如图 3.25 所示，图像调整结果如图 3.26 所示。此时，小女孩的衣服同样调整为黄色，但衣服上的花朵图案基本上保持了原来的颜色。

【参考图文】

图 3.25　【色相 / 饱和度】对话框参数设置 (二)　　　图 3.26　仅调整图像的黄色成分

3) 【色相 / 饱和度】对话框中的吸管工具简介

(1) ✐：使用该工具在图像中单击，可将颜色调整限定在与单击点颜色相关的特定区域。

(2) ✐：使用该工具在图像中单击，可扩展颜色调整范围 (在原来颜色调整区域的基础上，加上与单击点颜色相关的区域)。

(3) ✐：使用该工具在图像中单击，可缩小颜色调整范围 (从原来颜色调整区域中减去与单击点颜色相关的区域)。

4. 色阶

【色阶】命令是 Photoshop 最为重要的颜色调整命令之一，用于调整图像的暗调、中间调和高光等区域的强度级别，校正图像的色调范围和色彩平衡。尽管使用【色阶】命令调色不如使用【曲线】命令那样精确，却更容易获得满意的视觉效果。

打开图像 "第 3 章素材 \ 公园 - 雪 3-01.jpg"，如图 3.27 所示。选择【图像】|【调整】|【色阶】命令，打开【色阶】对话框，如图 3.28 所示。该对话框的中间显示的是当前图像的色阶直方图 (如果有选区存在，则是选区内图像的色阶直方图)。

图 3.27　原图　　　　　　　　　　　　图 3.28　【色阶】对话框

提示

色阶直方图即色阶分布图，可以此了解图像中暗调、中间调和高光等色调像素的分布情况。其中横轴表示像素的色调值，从左向右取值范围为 0（黑色）～ 255（白色）；纵轴表示像素的数目。

首先通过【通道】下拉列表框确定要调整的是混合通道还是单色通道（本例图像为 RGB 图像，列表中包括 RGB 混合通道和红、绿、蓝三个单色通道）。

【色阶】对话框的操作要点如下。

(1) 选中对话框的【预览】复选框，当前图像窗口将实时反馈对色阶调整的最新结果，以便对不当的色阶调整作出及时的更正。

(2) 沿【输入色阶】栏的滑动条向左拖动右侧的白色三角滑块，图像变亮。其中，高光区域的变化比较明显，这使得比较亮的像素变得更亮，如图 3.29 所示。向右拖动左侧的黑色三角滑块，图像变暗。其中，暗调区域的变化比较明显，使得比较暗的像素变得更暗，如图 3.30 所示。

图 3.29　调整图像的高光区域

图 3.30　调整图像的暗调区域

(3) 在【输入色阶】栏，拖动滑动条中间的灰色三角滑块，可以调整图像的中间色调区域。向左拖动使中间调区域变亮，向右拖动使中间调区域变暗，如图 3.31 所示。

图 3.31　调整图像的中间调区域

(4) 在【输入色阶】栏，通过向左、中、右三个文本框中输入数值，可分别精确地调整图像的暗调、中间调和高光区域的色调平衡。

(5) 沿【输出色阶】栏的滑动条，向右拖动左端的黑色三角滑块，可提高图像的整体亮度；向左拖动右端的白色三角滑块，可降低图像的整体亮度。也可以通过在左、右两个文本框内输入数值，调整图像的亮度。

(6) 实际上，在使用【色阶】命令时，往往【输入色阶】与【输出色阶】同时调整，才能得到更满意的色调效果，如图 3.32 所示。

图 3.32　同时调整输入色阶与输出色阶

(7) 使用对话框中的吸管工具调整图像的色调平衡。从左向右依次是设置黑场吸管工具、设置灰场吸管工具和设置白场吸管工具。

① 选择设置黑场吸管工具，在当前图像中某点单击，则图像中所有低于该点亮度值的像素全都变成黑色，图像变暗。

② 选择设置白场吸管工具，在当前图像中某点单击，则图像中所有高于该点亮度值的像素全都变成白色，图像变亮。

③ 选择设置灰场吸管工具，在当前图像中某点单击，可根据单击点像素的亮度值调整中间调区域的平均亮度。

(8) 若想重新设置对话框的参数，可按住 Alt 键不放，此时对话框的【取消】按钮变成【复位】按钮，单击该按钮即可。

5. 曲线

【曲线】命令是 Photoshop 最强大的色彩调整命令，不仅可以像【色阶】命令那样对图像的暗调、中间调和高光区域进行调整，而且可以调整 0～255 色调范围内的任意一点。同时，使用【曲线】命令还可以对图像中的单个颜色通道进行精确调整。

打开图像"第 3 章素材\阅读 .jpg"，选择【图像】|【调整】|【曲线】命令，弹出【曲线】对话框，如图 3.33 所示。通过【通道】下拉列表框确定要调整的通道 (混合通道或单色通道)。

图 3.33　原素材图像及【曲线】对话框初始设置

A—暗调；B—中间调；C—高光

在对话框中的曲线图表中，水平轴表示输入色阶 (调整前的亮度值)，竖直轴表示输出色阶 (调整后的亮度值)。初始状态下，曲线为一条 45° 的对角线，表示曲线调整前图像上所有像素点的【输入】值和【输出】值相等。

提示

对于 RGB 图像，默认设置下曲线水平轴从左向右显示 0(暗调)～255(高光) 之间的亮度值；但 CMYK 图像则相反，曲线水平轴从左向右显示 0(高光)～100(暗调) 之间的百分数。单击对话框左下角的【曲线显示选项】按钮，可扩展对话框参数，对曲线图表进行更细致的设置。

【曲线】对话框的操作要点如下。

(1) 在图像窗口中拖动光标，【曲线】对话框中将显示当前指针位置像素点的亮度值及在曲线上的对应位置。使用这种方法能够确定图像中的暗调、中间调和高光区域。

(2) 按住 Alt 键，在对话框的网格区域内单击，可使网格变得更精细。再次按住 Alt 键，单击，可以恢复大的网格。

(3) 默认设置下，对话框采用编辑曲线模式 命令调整曲线形状。在曲线上单击，添加控制点，确定要调整的色调范围。曲线上最多可添加 14 个控制点。

(4) 对于 RGB 颜色模式的图像来说，在曲线上添加控制点并向上拖动，使曲线上扬，对应色调区域的图像亮度增加，如图 3.34 所示。向下拖动使曲线下弯，则亮度降低，如图 3.35 所示。CMYK 颜色模式的图像情况相反。

图 3.34　图像亮度增加（适用 RGB 图像）

图 3.35　图像亮度降低（适用 RGB 图像）

(5) 将曲线调整为 S 形，可增加图像的对比度，如图 3.36 所示。

(6) 选中一个控制点后，在对话框左下角的【输入】和【输出】文本框内直接输入数值，可精确改变图像指定色调区域的亮度值。

(7) 要删除一个控制点，可将其拖出图表区域，或选中控制点后按 Delete 键。

【参考图文】

图 3.36　增加对比度

【参考图文】

(8) 在【曲线】对话框中选择绘制曲线模式 ✐ 命令，可以在图表区绘制随意曲线，以调整图像的色调。

对于本例，参数设置如图 3.37(a) 所示 (主要提高中间调与高光区域的亮度，暗调区域基本保持不变)，色彩调整效果如图 3.37(b) 所示。

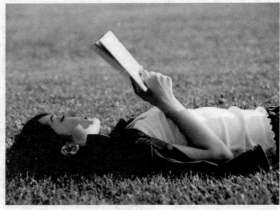

(a)【曲线】对话框参数设置　　　　　　　　(b) 色彩调整效果

图 3.37　本例参数设置与色彩调整结果

3.3.2　其他调色命令

1. 可选颜色

【可选颜色】命令用于调整图像中红色、黄色、绿色、青色、蓝色、白色、中灰色和黑色各主要颜色中四色油墨的含量，使图像的颜色达到平衡。该命令在改变某种主要颜色时，不会影响其他主要颜色的表现。例如，可以改变红色像素中黄色油墨的含量，而同时保持绿色、蓝色、白色和黑色等像素中黄色油墨的含量不变。

打开图像 "第 3 章素材 \ 新娘 .jpg"，如图 3.38 所示。选择【图像】|【调整】|【可选颜色】命令，打开【可选颜色】对话框，如图 3.39 所示。

从【颜色】下拉列表框中选择要调整的颜色 (选项包括红色、黄色、绿色、青色、蓝色、洋红、白色、中性色和黑色等)。沿各滑动条拖动滑块，改变所选颜色中青色、洋红、黄色或黑色的含量。

图 3.38　原图　　　　　　　　　　图 3.39　【可选颜色】对话框

本例参数设置如图 3.40 所示 (清除图像中红色区域中的青色成分，同时增加其中的洋红和黄色含量)，图像调整结果如图 3.41 所示 (花丛变成鲜红色)。画面上人物和天空背景的颜色也受到了一些影响，可使用软边界的历史记录画笔工具进行恢复。

【参考图文】

图 3.40　设置对话框参数　　　　　　图 3.41　图像调整结果

提示

在【可选颜色】对话框的底部，有两种油墨含量的增减方法。

① 【相对】：按照总量的百分比增减所选颜色中青色、洋红、黄色或黑色的含量。

② 【绝对】：按绝对数值增减所选颜色中青色、洋红、黄色或黑色的含量。

2. 替换颜色

【替换颜色】命令通过调整色相、饱和度和亮度参数将图像中指定的颜色替换为其他颜色。实际上相当于【选择】|【色彩范围】命令与【色相 / 饱和度】命令的综合使用。

打开图像 "第 3 章素材 \ 戴黄围巾的女孩 .jpg"，如图 3.42 所示。选择【图像】|【调整】|【替换颜色】命令，打开【替换颜色】对话框，如图 3.43 所示。

图 3.42　原图　　　　　　图 3.43　【替换颜色】对话框

在【选区】选项栏中单击选中吸管工具 按钮，将光标移至图像窗口中，在人物围巾上单击，选取要替换的颜色。默认设置下，在对话框的图像预览区，白色表示被选择的区域，黑色表示未被选择的区域，灰色表示部分被选择的区域 (灰度越深，选择强度越低)。

拖动【颜色容差】滑块或在滑动条右侧的文本框内输入数值 (取值范围为 0 ～ 200)，

可调整被选择区域的大小。向右拖动滑块扩大选区，向左拖动则减小选区。

单击"添加到取样"工具 🖋 按钮，在围巾上未被选中的其他区域单击，可以把这部分区域添加到选区。同样，使用"从取样中减去"工具 🖋 可以把不需要替换的区域从选区中减掉。

选择对话框的【预览】复选框。在【替换】栏调整色相、饱和度和亮度值，将颜色设置为红色(也可单击【结果】颜色块直接选取颜色)，如图 3.44 所示。此时图像中的黄色围巾变成了红色围巾，如图 3.45 所示。

【参考图文】

图 3.44　设置对话框参数

图 3.45　图像调整结果

3. 阴影 / 高光

【阴影 / 高光】命令主要用于调整图像的阴影和高光区域，可分别对曝光不足和曝光过度的局部区域进行增亮或变暗处理，以保持图像色调的整体平衡。该命令最适合调整强光或背光条件下拍摄的图像。

打开图像"第 3 章素材 \ 建筑 .jpg"，如图 3.46 所示。选择【图像】|【调整】|【阴影 / 高光】命令，打开【阴影 / 高光】对话框，选择【显示更多选项】复选框，使对话框显示更多的参数。

【参考图文】　　　设置对话框参数如图 3.47 所示，图像调整结果如图 3.48 所示。

图 3.46　原图

图 3.47　对话框参数设置

图 3.48　图像调整结果

【阴影/高光】对话框中各项参数作用如下。

(1)【数量】：拖动【阴影】或【高光】栏中的【数量】滑块，或直接在文本框内输入数值，可改变光线的校正量。数值越大，阴影越亮而高光越暗；反之，阴影越暗而高光越亮。

(2)【色调宽度】：控制阴影或高光的色调调整范围。调整阴影时，数值越小，调整将限定在较暗的区域。调整高光时，数值越小，调整将限定在较亮的区域。

(3)【半径】：控制应用阴影或高光的物理范围。数值越大，将会在较大的区域内调整；反之，将会在较小的区域内调整。若数值足够大，所做调整将用于整个图像。

(4)【颜色校正】：微调彩色图像中被改变区域的颜色。例如，向右拖动【阴影】栏中的【数量】滑块时，将在原图像比较暗的区域中显示出颜色，此时，调整【颜色校正】的值，可以改变这些颜色的饱和度。一般而言，增加【颜色校正】的值，可以产生更饱和的颜色；降低【颜色校正】的值，将产生饱和度更低的颜色。

(5)【中间调对比度】：调整中间调区域的对比度。向左拖动滑块，降低对比度；向右拖动滑块，增加对比度。也可以在右端的文本框内输入数值，负值用于降低中间调区域的对比度，正值将增加中间调区域的对比度。

(6)【修剪黑色】与【修剪白色】：确定有多少阴影和高光区域将被转换到图像中新的极端阴影 (色阶为 0) 和极端高光 (色阶为 255) 中去。数值越大，图像的对比度越高。若剪辑值过大，将导致阴影和高光区域细节的明显丢失。

4. 照片滤镜

有的彩色滤光镜安装在照相机的镜头前，能够调整穿过镜头使胶卷曝光的光线的色温与颜色平衡。【照片滤镜】命令就是 Photoshop 对这一技术的模拟。

打开图像"第 3 章素材 \ 周庄 .jpg"，如图 3.49 所示。选择【图像】|【调整】|【照片滤镜】命令，打开【照片滤镜】对话框，如图 3.50 所示。

图 3.49　原图　　　　　　　　　图 3.50　【照片滤镜】对话框

在【照片滤镜】对话框中，选择【滤镜】单选按钮，通过右侧的下拉列表可以选择预置的颜色滤镜。选择【颜色】单选按钮，则可以自定义滤镜的颜色。通过【浓度】滑块可以调整滤镜的影响程度。通过选择【保留明度】复选框，可以保证调整后图像的亮度不变。

本例参数设置及图像调整结果如图 3.51 所示 (图像由本来的蓝色调变成橙色调)。

【参考图文】

图 3.51　本例参数设置及图像效果

5．黑白

【黑白】命令可以在不改变图像颜色模式的情况下将彩色图像转换为灰度图像或单色调图像效果。在转换过程中，通过控制画面上各主要颜色转换后的明暗度，可以获得高质量的黑白图像效果。

打开图像"第 3 章素材 \ 山水 .jpg"，如图 3.52 所示。选择【图像】|【调整】|【黑白】命令，打开【黑白】对话框，参数设置及图像调整结果如图 3.53 所示。

在本例的转换过程中，通过提高黄色区域在转换后图像中的亮度，降低绿色和蓝色区域在转换后图像中的亮度，并添加土黄色调，获得了层次感比较分明的仿古黑白画效果。

【参考图文】

图 3.52　素材图像　　　　图 3.53　参数设置及图像调整结果

【黑白】对话框中各项参数作用如下。

(1)【预设】：从下拉列表中可以选择预置的黑白调色方案。

(2) 各主要颜色调整设置：通过拖动各个滑块，可以调整原图像中红色、黄色、绿色、青色、蓝色和洋红 6 种主要颜色在转换后的灰度值。

(3)【色调】：选择该复选框，可以在灰度图像上叠加颜色，形成单色调图像效果。

6．去色

【去色】命令将彩色图像中每个像素的饱和度值设置为 0，仅保持亮度值不变。实际上是在不改变颜色模式的情况下将彩色图像转变成灰度图像。

在平面设计中，为了突出某个人物或事物，往往将其背景部分处理为灰度图像效果，而仅仅保留主题对象的彩度，使用 Photoshop 选择工具和【去色】命令即能完成此项工作。

7. 反相

【反相】命令可以反转图像中每个像素点的颜色，使图像由正片变成负片，或从负片变成正片。例如，对于 RGB 图像，若图像中某个像素点的 RGB 颜色值为 (r，g，b)，则反相后该点的 RGB 颜色值变成 (255-r，255-g，255-b)。对于 CMYK 图像，若某个像素点的 CMYK 颜色值为 (c%，m%，y%，k%)，则反相后该点的 CMYK 颜色值变成 (1-c%，1-m%，1-y%，1-k%)。所以，【反相】命令对图像的调整是可逆的。

8. 阈值

【阈值】命令可将灰度图像或彩色图像转换为高对比度的黑白图像，是为报纸杂志制作黑白插画的有效方法。

打开图像"第 3 章素材\公园 - 雪 3-02.jpg"，如图 3.54 所示。选择【图像】|【调整】|【阈值】命令，打开【阈值】对话框。对话框中显示的是反映图像像素亮度等级的直方图。通过拖动三角滑块将【阈值色阶】设置为 68(图 3.55)，此时图像效果如图 3.56 所示。

【阈值】命令转换图像颜色的原理：通过指定某个特定的阈值色阶 (取值范围为 1 ～ 255)，使图像中亮度值大于该指定值的像素转换为白色，其余像素转换为黑色。

图 3.54　原图　　　　　图 3.55　【阈值】对话框　　　　图 3.56　转换结果

3.3.3　借助调整图层进行色彩调整

由 3.3.1 节与 3.3.2 节可知，通过【图像】|【调整】菜单下的命令直接对图像进行色彩调整，将破坏图像所在图层的像素的颜色值。另外，在对同一图像连续使用多个调色命令后，要想修改前面的色彩调整参数，不撤销后续操作重做几乎是不可能的。

调整图层是一种特殊的图层，通过调整图层可以获得同样的调色效果，但不会破坏被调整图层的像素数据。调整图层记录着色彩调整的所有参数，可以随时进行修改。通过删除调整图层还可以将图像恢复为原来的状态。关于调整图层更深层次的阐述可参考第 7 章相关内容。

通过调整图层进行色彩调整的基本方法如下。

(1) 选择要进行色彩调整的图层。

(2) 在【图层】面板上单击【创建新的填充或调整图层】按钮◢，从弹出菜单中选择色彩调整命令。此时在当前图层的上面生成相应的调整图层，同时系统自动显示【属性】面板。

(3) 通过【属性】面板修改色彩调整参数。

3.4 案　　例

1. 案例说明

本例主要通过调整图层对黑白照片进行色阶和色相 / 饱和度调整，使黑白照片变成彩色照片。在对象的选择上，利用了快速蒙版工具、【存储选区】和【载入选区】命令对选区进行编辑修改。

2. 操作步骤

【视频操作】

(1) 打开图像"第 3 章素材 \ 黑白照片 .jpg"。选择【图像】|【模式】|【RGB 颜色】命令，将灰度图像转换为 RGB 模式。

(2) 使用快速选择工具选择人物的皮肤部分，如图 3.57 所示。选择时可适当放大图像。

利用快速蒙版工具对选区进行修补与调整［步骤 (3) ～ (8)］。

(3) 单击工具箱底部的【以快速蒙版模式编辑】按钮◻，进入快速蒙版编辑模式。此时选区消失，选区外被红色蒙版覆盖。

(4) 将前景色设为黑色。选择画笔工具，设置大小为 5 像素左右，硬度为 100%(其他参数默认)。将皮肤之外未被红色覆盖的区域涂抹成红色 (为操作方便和精确起见，可放大图像操作)。对于比较细微之处 (如手指等处)，可改用更小的画笔并进一步放大图像进行涂抹。

(5) 对于覆盖了红色蒙版的皮肤部分，可改用白色画笔涂抹，将红色清除。

(6) 在额头上和肩部与皮肤相临的头发边缘，先用白色画笔将边缘的红色擦除，然后改用硬度为 0% 的黑色软边画笔涂抹，以体现颜色的渐变。整个涂抹操作完成后的图像如图 3.58 所示。

【参考图文】

(7) 单击工具箱底部的【以标准模式编辑】按钮◻，返回标准编辑模式，皮肤部分被精确选择，如图 3.59 所示。

(8) 选择【选择】|【存储选区】命令，在弹出的【存储选区】对话框的【名称】文本框内输入选区名称"皮肤"，如图 3.60 所示。单击【确定】按钮将当前选区保存起来，以备后用。

(9) 在【图层】面板上单击【创建新的填充或调整图层】按钮◢，从弹出的菜单中选择【色阶】命令。此时生成名称为"色阶 1"的调整图层，同时显示【属性】面板，如图 3.61 所示。

图 3.57　选择皮肤

图 3.58　修补皮肤选区

图 3.59　返回标准编辑模式

(10) 通过【属性】面板首先选择红色通道，参数设置及图像变化如图 3.62 所示。

(11) 接着选择蓝色通道，参数设置及图像变化如图 3.63 所示。此处，对于 RGB 颜色模式的图像来说，降低蓝色的含量，相当于增强红色和绿色的混合效果，即加强了黄色。

【参考图文】　【参考图文】

图 3.60　保存选区

图 3.61　添加"色阶"调整层

图 3.62　皮肤中加入适量红色

图 3.63　皮肤中加入适量黄色

(12) 最后选择绿色通道，参数设置及图像变化如图 3.64 所示。

(13) 使用快速选择工具选择人物衣服。使用套索工具将与衣服搭界的皮肤部分加入选区，如图 3.65 所示。

图 3.64　提高绿色的对比度　　　　　　图 3.65　创建衣服选区

(14) 选择【选择】|【载入选区】命令，在弹出的【载入选区】对话框中进行参数设置，如图 3.66 所示。单击【确定】按钮，得到衣服的精确选区，如图 3.67 所示。

图 3.66　载入"皮肤"选区　　　　　　图 3.67　获得衣服精确选区

(15) 选择【选择】|【存储选区】命令，将衣服选区保存起来，命名为"衣服"。

(16) 在【图层】面板上单击【创建新的填充或调整图层】按钮 ◑，从弹出的菜单中选择【色相 / 饱和度】命令，生成调整图层"色相 / 饱和度 1"，如图 3.68 所示。

(17) 通过在【属性】面板上设置【色相 / 饱和度】参数为衣服上色，如图 3.69 所示。

【参考图文】

图 3.68　添加"色相 / 饱和度"调整层　　　图 3.69　设置【色相 / 饱和度】参数

(18) 使用套索工具粗略选择头发，如图 3.70 所示。

(19) 使用快速蒙版修补选区，得到如图 3.71 所示的选区 (与皮肤搭界处不用修补)。

(20) 选择【选择】|【载入选区】命令。在【通道】下拉列表框中选择"皮肤"，在【操作】栏选择【从选区中减去】。单击【确定】按钮，得到头发的精确选区，如图 3.72 所示。

图 3.70　粗略选择头发　　　图 3.71　修补选区　　　图 3.72　获得头发精确选区

(21) 选择【选择】|【存储选区】命令，将头发选区保存起来，命名为"头发"。

(22) 添加调整图层"色相 / 饱和度 2"，通过【属性】面板设置参数，如图 3.73 所示。头发上色效果如图 3.74 所示。

【参考图文】

图 3.73　通过调整层调整头发颜色　　　图 3.74　头发调色效果

(23) 通过选择【选择】|【载入选区】命令，依次载入"皮肤""衣服"和"头发"的选区 (载入"衣服"和"头发"选区时，选择【添加到选区】单选按钮)，得到整个人物选区，如图 3.75 所示。如果人物上有未被选中的区域，可使用套索工具加选进来。

(24) 通过选择【选择】|【反向】命令将选区反转。用快速选择工具减去"石头"部分的选区，得到背景选区，如图 3.76 所示。

图 3.75　获取人物选区　　　　　　　图 3.76　获取背景选区

(25) 添加调整图层"色相 / 饱和度 3"，通过【属性】面板设置参数，如图 3.77 所示。此时，背景被调整为绿色。

(26) 类似地，用快速选择工具选择石头部分，添加调整图层"色相 / 饱和度 4"，将"石头"调成青色，将人物的"嘴"调成红色。图像最终上色效果如图 3.78 所示。

【参考图文】

图 3.77　设置背景调色参数　　　　　　图 3.78　图像最终效果

小　　结

本章主要讲述了以下内容：

(1) 色彩的基本知识。讲述了三原色、颜色的三要素和颜色的对比度等基本概念。

(2) 颜色模式及其相互转换。颜色模式是一种用数字形式记录图像颜色的方式。要求了解各种颜色模式的不同用途，并掌握其相互转换的方法。

(3) 色彩调整。本章重点讲述了【色阶】、【曲线】、【颜色平衡】、【亮度 / 对比度】和【色相 / 饱和度】等多种颜色调整方法。应该在实践的基础上尽量多地掌握一些颜色调整方法。

本章理论部分未提及或超出本章理论范围的知识点如下。

(1) 选区的存储与载入 (要求重点掌握，详细介绍可参考第 8 章)。

(2) 使用快速蒙版修补选区 (要求掌握，关于快速蒙版的概念及操作可参考第 7 章)。

(3) 在图层上添加投影样式 (要求掌握基本操作，详细介绍可参考第 4 章)。

习　　题

一、选择题

1. 关于图像的色彩模式，不正确的说法是 _____ 。

   A．RGB 颜色模式是大多数显示器所采用的颜色模式

   B．CMYK 颜色模式由青 (C)、洋红 (M)、黄 (Y) 和黑 (K) 组成，主要用于彩色印刷领域

   C．位图模式的图像由黑、白两色组成，而灰度模式图像则由 256 级灰度颜色组成

   D．HSB 颜色模式是 Photoshop 的标准颜色模式，也是 RGB 颜色模式向 CMYK 颜色模式转换的中间模式

2. 以下说法不正确的是 _____ 。

   A．当把图像转换为另一种颜色模式时，图像中的颜色值将被永久性地更改

   B．尽可能在图像的原颜色模式下把图像编辑处理好，最后再进行模式转换

   C．在转换模式之前请务必保存包含所有图层的原图像的副本，以便在日后必要时还能够打开图像的原版本进行编辑

   D．当颜色模式更改后，图层混合模式之间的颜色相互作用并未被更改。因此，在转换之前没有必要拼合图像的所有图层

3. 以下说法正确的是 _____ 。

   A．【色阶】命令主要从暗调、中间调和高光三个方面校正图像的色调范围和色彩平衡

   B．使用【色阶】命令调整图像不如使用【曲线】命令那样精确，很难产生较好的视觉效果

   C．使用【曲线】命令可以调整图像中 0 ～ 255 色调范围内任何一点的颜色。因此在【曲线】对话框的曲线上能够添加任意多个控制点

  D．使用【亮度／对比度】命令可以对图像的不同色调范围分别进行快速而简单的调整

 4．以下说法正确的是 _____ 。

  A．选择【去色】命令后，彩色图像中每个像素的饱和度值被设置为 0，只保持亮度值不变，此时彩色图像将转变成灰度模式的图像

  B．【匹配颜色】命令可以在所有颜色模式的图像间进行颜色匹配

  C．【替换颜色】命令通过调整色相、饱和度和亮度参数将图像中指定的颜色替换为其他颜色。实际上相当于【色彩范围】命令与【色相／饱和度】命令的结合使用

  D．【阴影／高光】命令的主要作用是调整图像的明暗度，使整幅图像都变亮或变暗

 5． _____ 指色彩的外貌。其实质是根据不同波长的光给人的色彩感受的不同，人们为不同波长的光分别赋予不同的名称。

  A．色相   B．饱和度   C．亮度   D．对比度

 6．从光学角度讲，在一束可见光中，光线的波长越单一，色光的 _____ 越高，反之越低。

  A．色相   B．饱和度   C．亮度   D．对比

 7．色彩的 _____ 是指在两种或两种以上的色彩之间所存在的明显差别，这种差别主要表现在亮度、色相、饱和度、面积和冷暖等方面。

  A．色相   B．饱和度   C．亮度   D．对比

 8． _____ 颜色模式的图像一般比较鲜艳，适用于显示器、投影仪、扫描仪等可以自身发射并混合红、绿、蓝三种光线的设备，是 Web 图形制作中最常使用的一种颜色模式。

  A．RGB   B．CMYK   C．Lab   D．HSB

 9． _____ 颜色模式是一种印刷模式，图像色彩比 RGB 颜色模式的图像灰暗一些。

  A．RGB   B．CMYK   C．Lab   D．HSB

 10． _____ 颜色模式是 Photoshop 图像在不同颜色模式之间转换时使用的中间模式。它在所有颜色模式中色域最宽，所以在颜色模式转换的过程中，不用担心会造成任何色彩上的损失。

  A．RGB   B．CMYK   C．Lab   D．HSB

二、填空题

 1．自然界中的颜色可分为 _____ 和 _____ 两大类。

 2．光 的 三 原 色 是 指 _____、_____、_____；颜料的三原色是指 _____、_____、_____。

 3．颜色的三要素是指 _____、_____ 和 _____。

 4．颜色的对比是指从两种或两种以上的色彩中比较出明显的差别来。这种差别主要表现在 _____ 差别、_____ 差别、_____ 差别、_____ 差别和 _____ 差别等方面。差别的程度用对比度来表示。

5. 在将彩色图像 (如 RGB 模式、CMYK 模式、Lab 模式的图像等) 转换为位图图像或双色调图像时，必须先转换为 _____ 图像，然后才能作进一步的转换。

6. 在 Photoshop CC 中，支持透明色的文件格式有两种，分别是 _____ 格式和 _____ 格式；其中 _____ 格式仅支持 256 色，_____ 格式可支持 24 位真彩色。

7. 【_____】命令是 Photoshop 最为重要的颜色调整命令之一，用于调整图像的暗调、中间调和高光等区域的强度级别，校正图像的色调范围和色彩平衡。

8. 【_____】命令用于调整图像中红色、黄色、绿色、青色、蓝色、白色、中灰色和黑色各主要颜色中四色油墨的含量，使图像的颜色达到平衡。该命令在改变某种主要颜色时，不会影响到其他主要颜色的表现。

9. 【_____】命令主要用于调整图像的阴影和高光区域，可分别对曝光不足和曝光过度的局部区域进行增亮或变暗处理，以保持图像色调的整体平衡。该命令最适合调整强光或背光条件下拍摄的图像。

10. 【_____】命令是 Photoshop 最强大的色彩调整命令，不仅可以像【色阶】命令那样对图像的暗调和中间调和高光区域进行调整，而且可以调整 0 ～ 255 色调范围内的任意一点。

三、简答题

1. 简述色相、饱和度和亮度的含义。
2. 什么是颜色模式？ Photoshop 提供了哪些颜色模式？相互之间如何进行转换？

四、操作题

1. 利用图像 "练习 \ 第 3 章 \ 花伞 .jpg" 制作导出透明背景的 PNG-24 图像。
2. 使用【反相】、【色阶】或【阈值】命令将图像 "练习 \ 第 3 章 / 书法 (江山如此多娇).jpg" (图 3.79) 处理成如图 3.80 所示的效果。

图 3.79 　 书法原图

【参考图文】

图 3.80 　 调色结果

3. 利用图像"练习\第3章\大树.jpg"(图3.81)制作如图3.82所示的效果。

图3.81　大树原图

图3.82　效果图

操作提示：

(1) 打开素材图像，全选图像，复制图像，然后取消选区。

(2) 使用【画布大小】命令向下扩充图像至600像素×700像素(扩充部分为黑色)。

(3) 粘贴图像，得到图层1。将图层1垂直翻转、反相，并与背景层中的原始图像上下对接。

(4) 使用【扭曲】命令变换图层1。

4. 利用图像"练习\第3章\舞蹈.jpg"(图3.83)制作如图3.84所示的效果。

图3.83　舞蹈原图

图3.84　完成效果图

【参考图文】

操作提示：

(1) 打开素材图像，框选右半部分。

(2) 对选区内图像先去色，再用【亮度/对比度】命令适当提高亮度。

(3) 书写白色文字，并对文字层添加投影样式。

114

第4章

图 层

教 学 要 求

- 熟练掌握图层基市操作。
- 掌握投影、外发光、斜面和浮雕等图层样式的使用方法。
- 掌握背景层、文字层转化为普通层的方法。
- 准确理解图层的基市概念。
- 了解中性色图层的概念与基市操作。
- 了解智能对象的概念,掌握其基市用法。
- 了解各类图层模式的特点及用法。

教 学 难 点

- 图层的对齐与分布。
- 图层混合模式。

4.1 图层概述

在 Photoshop 中，一幅图像往往由多个图层上下叠盖而成。所谓图层，可以理解为透明的电子画布。通常情况下，如果上面图层的某个位置有图像存在，会遮盖住其下面图层上对应位置的图像。我们在图像窗口中看到的画面实际上是各层叠加之后的总体效果。

默认设置下，Photoshop 用灰白相间的方格图案表示图层的透明区域。背景层是一个特殊的图层，只要不转换为普通图层，就永远是不透明的，而且始终位于所有图层的底部。

在包含多个图层的图像中，要想编辑图像的某一部分内容，首先必须选择该部分内容所在的图层。若图像中存在选区，可以认为选区浮动在所有图层之间，而不是专属于某一图层。此时，我们所能做的就是对当前图层选区内的图像进行编辑修改。

(1) 打开"第 4 章素材 \ 窗口 .psd"。观察其【图层】面板，由"窗帘 1""窗帘 2""花盆""窗户与窗台"和"背景" 5 个图层上下叠盖而成。通过"窗帘 1"层的透明区域可以看到下面图层的画面。"窗帘 2"层的不透明度为 80%，可以透出位于其下面的"花盆""窗户与窗台"和"背景"各层的隐约画面。"窗口 .psd"的画面合成示意图如图 4.1 所示。

图 4.1 "窗口"画面形成示意图

(2) 在【图层】面板上单击"窗帘 2"层的 ◉ 图标，将其隐藏。这有助于对其下面图层的编辑。

(3) 选择"窗户与窗台"层。使用矩形选框工具选择左侧窗户，如图 4.2 所示。

图 4.2 隐藏"窗帘 2"层并选择左侧窗户

(4) 通过选择【编辑】|【变换】菜单下的【缩放】和【扭曲】等命令，对当前层选区图像进行变换，将左侧窗户"打开"，如图 4.3 所示。

(5) 同理将将右侧窗户"打开"，如图 4.4 所示。此时，透过"打开"的窗户，可以清晰地看到背景层的美丽风景。

图层是 Photoshop 最核心的功能之一。在处理内容复杂的图像时，一般应该将不同的内容放置在不同的图层上，这会给图层的管理和图像的编辑带来很大的方便。另外，在 AutoCAD、Flash、CorelDRAW 等相关软件中也都有"图层"的概念。因此，正确理解图层含义，熟练掌握图层操作不仅是学好 Photoshop 的必要条件，而且会给其他相关软件的学习带来一定的帮助。

图 4.3　"打开"左侧窗户　　　　　图 4.4　"打开"右侧窗户

4.2　图层基本操作

4.2.1　选择图层

在【图层】面板上单击图层的名称即可选择图层。要选择多个图层，只需单击第一个待选择图层的名称，然后按 Shift 键 (选择连续的图层) 或 Ctrl 键 (选择不连续的图层) 单击其他图层的名称即可。一旦选择了多个图层，就可以将多种操作同时应用于这些图层。

提示

在 Photoshop CS2(即 9.0) 之前的版本中不能同时选择多个图层。

4.2.2　新建图层

创建图层的常用方法有以下三种。

(1) 在【图层】面板上单击【创建新图层】按钮，可在当前层的上面增加一个新图层，并且新图层处于选择状态。

(2) 选择【图层】|【新建】|【图层】命令，打开【新建图层】对话框。在对话框中输入图层名称，根据需要设置【模式】、【不透明度】等参数，单击【确定】按钮。

(3) 按住 Alt 键单击【图层】面板上的【创建新图层】按钮，或在【图层】面板菜单中选择【新建图层】命令，打开【新建图层】对话框创建图层。

4.2.3 删除图层

删除图层的常用方法有以下两种。

(1) 在【图层】面板上选择要删除的图层，单击【删除图层】按钮🗑；或从【图层】面板菜单中选择【删除图层】命令；或从程序菜单中选择【图层】|【删除】|【图层】命令，弹出确认框，单击【是】按钮。

(2) 在【图层】面板上直接拖动图层缩览图到【删除图层】按钮🗑上。

4.2.4 显示与隐藏图层

在【图层】面板上单击图层缩览图左边的图层显示图标👁，该图标消失，图层被隐藏。在相应位置上再次单击，👁图标又出现，图层重新显示。

在【图层】面板的图层显示图标列上下拖动光标 (图 4.5)，可同时控制多个图层的显示与隐藏。

在图层显示图标——
列上下拖动光标，
可控制多个图层
的显示与隐藏

图 4.5 改变多个图层的可视性

打印图像时，隐藏图层上的内容不会被打印出来。在保存 JPG 格式的图像时，隐藏图层上的内容也会被忽略。

在包含多个图层的图像中，显示和隐藏图层的常见目的如下。

① 为了编辑被遮盖的图层，将上面的图层暂时隐藏。

② 将显示和隐藏图层操作交替进行，可以确认图像中的部分内容位于哪个图层。

③ 将某些图层暂时隐藏以备后用。

4.2.5 复制图层

图层的复制操作可以在同一图像内部进行，也可以在不同图像之间进行。

在同一图像中复制图层的常用方法如下。

(1) 在【图层】面板上，将某一图层的缩览图拖动到【创建新图层】按钮🗋上，可在该图层的上面形成拷贝图层。

(2) 在【图层】面板上，选择要复制的图层，选择【图层】|【复制图层】命令，或从【图层】面板菜单中选择【复制图层】命令，打开【复制图层】对话框，如图 4.6 所示。在【为】文本框中输入图层副本的名称，单击【确定】按钮。

在不同图像间复制图层前，可先使用【窗口】|【排列】菜单下的相应命令排列要操作的图像，然后按下列方法之一复制图层。

(1) 在【图层】面板上，将当前图像的某一图层直接拖动到目标图像的窗口中。

(2) 在【图层】面板上选择要复制的图层。选择移动工具，在当前图像窗口内单击并拖动光标到目标图像窗口。若复制时按住 Shift 键，可将当前图层的图像复制到目标图像的中央位置。

图 4.6 　【复制图层】对话框

(3) 选择要复制的图层，选择【图层】|【复制图层】命令，或从【图层】面板菜单中选择【复制图层】命令，打开【复制图层】对话框，如图 4.6 所示。在【为】文本框中输入图层副本的名称。在【文档】下拉列表框中选择目标图像的文件名 (目标图像必须打开)。单击【确定】按钮。若在【文档】下拉列表框中选择"新建"选项，可将所选图层复制到新建文件中。

在不同图像间复制图层时，若源图像与目标图像的分辨率不同，则图层复制后其像素尺寸将发生相应的变化。

4.2.6　图层改名

在多图层图像中，根据图层的内容对不同图层分别命名，有利于图层的识别与管理。

在【图层】面板上，双击图层的名称，在【名称】编辑框内输入新的名称，按 Enter 键或在【名称】编辑框外单击，即可更改图层名称。背景层只有转换为普通层后才能改名。

4.2.7　更改图层不透明度

图层不透明度不仅决定图层本身的显示程度，还影响其对下面图层的遮盖程度。不透明度为 0% 表示完全透明，不透明度为 100% 表示完全不透明。

选择要改变不透明度的图层，通过【图层】面板右上角的【不透明度】选项可改变当前图层的不透明度，如图 4.7 所示。该项操作常用于图像的合成。

图 4.7　更改图层的不透明度

不透明度的更改影响的是整个图层，不能直接改变当前图层选区内部分图像的不透明度。

4.2.8 重新排序图层

在【图层】面板上，图层的上下排列顺序决定各层图像的相互遮盖关系。一旦改变了原有的图层顺序，也就改变了这些图层的遮盖关系。

在【图层】面板上，将图层向上或向下拖动，当突出显示的线条出现在要放置图层的位置时，松开鼠标按键即可改变图层排列顺序，如图 4.8 所示。

也可以使用【图层】|【排列】菜单下的一组命令改变图层的排列顺序。

4.2.9 链接图层

Photoshop 允许在多个图层间建立链接关系，以便将它们作为一个整体进行移动、缩放、旋转等变换操作。另外，对存在链接关系的图层，可进行对齐、分布等操作。

在【图层】面板上，选择两个或两个以上要链接的图层，单击面板底部的【链接图层】按钮 🔗，即可在所选图层间建立链接关系，如图 4.9 所示。此时，图层名称右侧出现链接标记 🔗。

突出显示的
深色线条

图 4.8 调整图层顺序

图 4.9 链接图层

要取消图层的链接关系，先选择存在链接关系的图层，选择【图层】|【取消图层链接】命令，或在【图层】面板上单击【链接图层】按钮 🔗。

4.2.10 对齐链接图层

选择某个链接图层，使用【图层】|【对齐】菜单下的一组命令，可将其他与当前层存在链接关系的图层对齐到当前层。对齐方式有 6 种，竖直方向分别是【顶边】▜、【垂直居中】▟、【底边】▙；水平方向分别是【左边】▐、【水平居中】▟、【右边】▟。

在链接层的对齐操作中，当前层为基准层，其位置保持不变。当背景层要和当前层对齐时，背景层将自动转换为普通层。

打开图像"第 4 章素材\球类.psd"，如图 4.10 所示。其中"地球"层、"足球"层和"篮球"层之间已经建立了链接，选择"地球"层。

选择【图层】|【对齐】菜单下的相应命令；或选择移动工具，单击选项栏上的对齐按钮，如图 4.11 所示。对齐操作的结果如图 4.12 所示。

图 4.10　原图像

图 4.11　对齐与分布按钮

(a) 顶边

(b) 垂直居中

(c) 底边

(d) 左边

(e) 水平居中

(f) 右边

图 4.12　图层对齐示意图

在 Photoshop CC 中，若同时选择了多个图层，即使它们之间无链接关系，也可以使用上述对齐命令将这些图层对齐。

另外，Photoshop 还具有将选中的图层与选区对齐的功能，操作方法如下。

(1) 创建选区。

(2) 选择要对齐到选区的图层 (可以是多个，但不能包含背景层或与背景层链接的图层)。

(3) 选择【图层】|【将图层与选区对齐】菜单下的相应命令。

4.2.11　分布链接图层

选择某个链接图层，使用【图层】|【分布】菜单下的一组命令可将其他链接图层与当前层进行分布操作。分布方式也有 6 种。

【顶边】：使得经过链接图层中各对象顶端的水平线之间的距离相等。

【垂直居中】：使得经过链接图层中各对象中心的水平线之间的距离相等。

【底边】：使得经过链接图层中各对象底端的水平线之间的距离相等。

【左边】：使得经过链接图层中各对象左侧的竖直线之间的距离相等。

【水平居中】：使得经过链接图层中各对象中心的竖直线之间的距离相等。

【右边】：使得经过链接图层中各对象右侧的竖直线之间的距离相等。

仍以图像"第 4 章素材\球类 .psd"为例，在链接图层中任选一层。选择【图层】|【分布】菜单下的相应命令，或选择移动工具，单击选项栏上的分布按钮。分布操作的结果如图 4.13 所示。

执行竖直方向的分布命令【顶边】、【垂直居中】和【底边】时，链接图层上的对象只在竖直方向移动，而且上下两端的对象的位置保持不变。同样，执行水平方向的分布命令【左边】、【水平居中】、【右边】时，链接图层上的对象只在水平方向移动，而且左右两端的对象的位置保持不变。

只有三个或三个以上的链接图层才能进行分布操作。不管当前层是链接图层中的哪一层，分布结果都是一样的。另外，若链接图层中包含背景层，则不能进行分布操作。

(a) 顶边　　　　　　　　　(b) 垂直居中　　　　　　　　　(c) 底边

(d) 左边　　　　　　　　　(e) 水平居中　　　　　　　　　(f) 右边

图 4.13　图层分布示意图

在 Photoshop CC 中，若同时选择了多个图层 (不含背景层)，即使它们之间无链接关系，也可以使用上述分布命令对这些图层进行分布操作。

4.2.12　合并图层

合并图层可有效地减少图像占用的存储空间，提高 Photoshop 的工作效率。图层合并的方式有多种，包括向下合并、合并图层、合并可见图层和拼合图像等。上述图层合并命令在【图层】菜单和【图层】面板菜单中都可以找到。

(1) 向下合并：将当前图层 (必须为可见层) 合并到其下面的可见图层中。合并后的图层名称、混合模式、图层样式等属性与合并前的下一层相同。

(2) 合并图层：将选中的多个图层合并为一个图层。

(3) 合并可见图层：将所有可见图层合并为一个图层，隐藏的图层不受影响。

(4) 拼合图像：将所有可见图层合并到背景层，并用白色填充图像中的透明区域。若合并前存在隐藏的图层，合并时将弹出【要扔掉隐藏的图层吗？】的提示框。单击【确定】按钮，将丢弃隐藏的图层；单击【取消】按钮，则撤销合并命令。

4.2.13　图层锁定

Photoshop 允许全部或部分锁定图层，以保护图层免遭破坏。所谓全部锁定，就是将图层的不透明度、透明区域、图像像素、图层位置和混合模式等属性都锁定。所谓部分锁定，就是仅锁定透明区域、图像像素和图层位置三个属性中的部分属性。图层锁定后，图层名称的右边将出现一个锁形图标，如图 4.14 所示。

图 4.14　图层的锁定

在【图层】面板上选择要锁定的图层，单击选择一个或多个图层锁定按钮，即可将该层部分或全部地锁定。在选择的锁定按钮上再次单击，可取消锁定。

(1) 锁定透明像素▨：选定后，只允许对图层的不透明区域进行编辑修改。

(2) 锁定图像像素✐：选定后，禁止使用绘图与填充工具、图像修整工具、滤镜等对图层的任何区域 (包括透明区域和不透明区域) 进行编辑修改。

(3) 锁定位置✛：选定后，禁止对图层中的像素进行移动、旋转、缩放等变换。

(4) 锁定全部▤：选定后，对图层进行全部锁定。

4.2.14　载入图层选区

使用载入图层选区操作可以快速准确地选择图层 (背景层除外) 上的所有像素，操作方法如下。

(1) 按住 Ctrl 键，在【图层】面板上单击某个图层的缩览图 (注意不是图层名称)，可基于该层上的所有像素创建选区。若操作前图像中存在选区，则操作后新选区会取代原有选区。

(2) 按住 Ctrl + Shift 组合键，在【图层】面板上单击某个图层的缩览图，可将该层上所有像素的选区添加到图像中已有的选区中。

(3) 按住 Ctrl + Alt 组合键，在【图层】面板上单击某个图层的缩览图，可从图像中已有的选区中减去该层上所有像素的选区。

(4) 按住 Ctrl + Shift + Alt 组合键，在【图层】面板上单击某个图层的缩览图，可将该层上所有像素的选区与图像中原有的选区进行交集运算。

💻 **重要提示**

值得一提的是，上述操作同样适用于图层蒙版、矢量蒙版与通道。

4.2.15　图层组的创建与编辑

在图层众多的图像中使用图层组可以方便图层的组织和管理。不仅能够避免【图层】

面板的混乱，还可以对图层进行高效、统一的管理。例如，同时调整图层组中所有图层的不透明度，同时改变图层组中所有图层的可视性、排列顺序，同时变换图层组中的所有图层等。

图层组的创建与基本编辑要点如下。

(1) 单击【图层】面板上的【创建新组】按钮▇，在当前图层或图层组的上面创建一个空的图层组。在选择图层组的情况下新建图层，可将新层创建在图层组内。

(2) 在【图层】面板上选择一个或多个图层，从【图层】面板菜单中选择【从图层新建组】命令，可将选定的图层加入新建图层组内。

(3) 在【图层】面板上，单击图层组左边的三角图标，可以折叠或展开图层组。

(4) 在【图层】面板上，将图层组外的图层的缩览图拖动到某个图层组图标▇上，可将图层转移到图层组内。当然，也可将组内图层拖动到图层组外。

(5) 将图层组拖动到【删除图层】按钮▇上，可直接删除该图层组及组内所有图层。

(6) 若想保留图层，仅删除图层组，可在选择图层组后单击【删除图层】按钮▇，打开Photoshop 提示框，单击【仅组】按钮。

(7) 在【图层】面板上选择图层组后，执行图层变换操作 (移动、旋转、缩放、斜切、透视、扭曲等)，可作用于该组内的所有图层。

4.2.16 保存图层

Photoshop (*.PSD; *.PDD) 格式是 Photoshop 在保存多图层图像时的默认文件格式，也是唯一一种支持所有 Photoshop 功能的格式。将多图层图像保存为 Photoshop (*.PSD; *.PDD) 格式时，有关图层的所有信息 (图层组、图层顺序、样式、类型、透明度等) 都将随文件一起保存，这对于图像 (尤其是未完成的图像) 日后的编辑修改至关重要。

另外，在 Photoshop 中，PDF、TIFF、PSB 等格式也常用于多图层图像的保存。

4.3　图层混合模式

4.3.1　混合模式概述

在第 2 章基本工具的学习中，读者已经注意到铅笔、画笔、油漆桶、仿制图章、修复画笔、修补工具等许多工具的选项栏上都有一个【模式】选项，其中包括"正常""溶解""背后""清除""变暗""正片叠底"等多种选择。这些模式的作用是控制当前工具所创建的像素与图像中的原有像素以何种方式进行混合。

与基本工具的【模式】选项类似，图层混合模式决定了该层像素如何与其下面图层上的像素进行混合。只有了解图层混合模式的特点，才能在图像处理中正确地使用图层混合模式，合成引人注目的视觉效果。

4.3.2　常用的图层混合模式

图层默认的混合模式为"正常"。在【图层】面板上，单击【混合模式】弹出式菜单，从展开的列表中可以为当前图层选择不同的混合模式。

"正常"：使上面图层上的像素完全遮盖下面图层上对应位置的像素。如果上面图层中存在透明区域，下面图层上的对应像素会通过透明区域显示出来。

"溶解"：根据图层中每个像素点透明度的不同，以该层的像素随机取代下面图层上对应位置的像素，生成颗粒状的类似物质溶解的效果。不透明度越小，溶解效果越明显。

案例参考素材图像"第 4 章素材 \ 印章 .psd"。

"变暗"：比较上下图层中对应像素的各颜色分量，选择其中值较小（较暗）的颜色分量作为结果色的颜色分量。以 RGB 图像为例，若对应像素分别为红色 (255，0，0) 和绿色 (0，255，0)，则混合后的结果色为黑色 (0，0，0)。

案例参考素材图像"第 4 章素材 \ 变暗 - 变亮 .psd"（将图层 1 混合模式设置为"变暗"）和"诗配画 .psd"。

"正片叠底"：将图层像素的颜色值与下面图层对应位置上像素的颜色值相乘，把得到的乘积再除以 255。混合得到的颜色一般比原来的颜色更暗一些。在这种模式下，任何颜色与黑色混合产生黑色，任何颜色与白色混合保持不变。

案例参考素材图像"第 4 章素材 \ 雪地阳光 .psd"，如图 4.15 所示。

【参考图文】

图 4.15　设置"正片叠底"模式

"颜色加深"：通过增加对比度来加强图层的深色区域。下面图层上的白色在该模式下保持不变。

"线性加深"：与"正片叠底"模式的作用类似，但可以通过降低亮度使图像的颜色变暗。

"深色"：比较上下图层中对应像素的各颜色分量的总和，并显示值较小的像素的颜色。该模式与"变暗"模式类似，但不会产生第 3 种颜色。

案例参考素材图像"第 4 章素材 \ 模特 .psd"（将"人物"层的混合模式分别设置为"深色"与"变暗"对比一下区别）。

提示

"变暗""正片叠底""颜色加深""线性加深"和"深色"模式都具有使图像变暗的特点，因此可以归类到一个组，称为"变暗模式组"。

"变亮"：与"变暗"模式恰恰相反。比较上下图层中对应像素的各颜色分量，选择其中值较大（较亮）的颜色分量作为结果色的颜色分量。以 RGB 图像为例，若对应像素分别为红色 (255，0，0) 和绿色 (0，255，0)，则混合后的结果色为黄色 (255，255，0)。

案例参考素材图像"第 4 章素材 \ 变暗 - 变亮 .psd"（将图层 1 混合模式设置为"变亮"）和"夕阳 .psd"，如图 4.16 所示。

【参考图文】

图 4.16　设置"变亮"模式

"滤色"：与"正片叠底"模式相反，将像素的颜色与下层像素的互补色相乘，乘积再除以 255，得到结果颜色。该模式可以使图像产生漂白效果。

案例参考素材图像"第 4 章素材 \ 模特 2.psd"与"蓝花布 .psd"。

"颜色减淡"：与"颜色加深"模式相反，通过降低对比度使混合图像变亮。

案例参考素材图像"第 4 章素材 \ 都市之夜 .psd"与"模特 3.psd"。

"线性减淡 (添加)"：与"线性加深"模式相反，通过增加亮度使混合图像变亮。

"浅色"：与"深色"模式相反，比较上下图层中对应像素的各颜色分量的总和，并显示值较大的像素的颜色。混合效果与"变亮"模式接近，但不会产生第 3 种颜色。

提示

与变暗模式组相反，"变亮""滤色""颜色减淡""线性减淡 (添加)"和"浅色"模式都具有使图像变亮的特点，可以将这些模式归类到一个组，称为"变亮模式组"。

"叠加"：保留下层图像的高光和暗调区域，下层图像的颜色没有被替换，上层图像的颜色得到加强，结果使得混合图像的对比度较高。

案例参考素材图像"第 4 章素材 \ 火烧云 .psd"（图 4.17) 与"高脚杯 .psd"。

【参考图文】

图 4.17　设置"叠加"模式

"柔光"：根据上一层颜色的灰度值确定混合后的颜色是变亮还是变暗。若上一层的颜色比 50% 的灰色亮，则与下一层混合后图像变亮；否则变暗。若上一层存在黑色或白色区域，则混合图像的对应位置将产生明显较暗或较亮的区域，但不会产生纯黑色或纯白色。

　　"强光"：根据上一层颜色的灰度值确定混合后的颜色是变亮还是变暗。若上一层的颜色比 50% 的灰色亮，则与下一层混合后图像变亮，这对于向图像中添加高光非常有用。若上一层的颜色比 50% 的灰色暗，则与下一层混合后图像变暗，这对于向图像添加暗调非常有用。若上一层中存在黑色或白色区域，则混合图像的对应位置将产生纯黑色或纯白色。使用"强光"模式混合图像的效果与耀眼的聚光灯照在图像上相似。

　　案例参考素材图像 "第 4 章素材 \ 都市之夜 2.psd"。

　　"亮光"：根据上一层颜色的灰度值，通过增加或减小对比度，来加深或减淡混合图像的颜色。若上一层的颜色比 50% 的灰色亮，则通过减小对比度使下一层图像变亮；否则通过增加对比度使下一层图像变暗。

　　"线性光"：根据上一层颜色的灰度值，通过降低或增加亮度，来加深或减淡混合图像的颜色。若上一层的颜色比 50% 的灰色亮，则通过增加亮度使下一层图像变亮；否则通过降低亮度使下一层图像变暗。

　　"点光"：根据上一层颜色的灰度值确定是否替换下一层的颜色。若上一层颜色比 50% 的灰色亮，则替换下一层中比较暗的像素，而下一层中比较亮的像素不改变。若上一层的颜色比 50% 的灰色暗，则替换下一层中比较亮的像素，而下一层中比较暗的像素不改变。

　　案例参考素材图像 "第 4 章素材 \ 都市之夜 3.psd"。

 提示

　　"叠加""柔光""强光""亮光""线性光"和"点光"等模式在混合图像时都以 50% 的灰色为界限，亮度高于该值的像素会加亮下层对应位置的图像，亮度低于该值的像素会变暗下层对应位置的图像，结果增加了混合图像的对比度。因此可将这些模式归类到一个组，称为"对比模式组"。

　　"差值"：对上下图层层的对应像素进行比较，用比较亮的像素的颜色值减去比较暗的像素的颜色值，差值即为混合后像素的颜色值。若上层颜色为白色，则混合图像为下层图像的反相；若上层颜色为黑色，则混合图像与下层图像相同。同样，若下层颜色为白色，则混合图像为上层图像的反相；若下层颜色为黑色，则混合图像与上层图像相同。

　　案例参考素材图像 "第 4 章素材 \ 都市之夜 4.psd" 和 "沟壑 .psd"。

　　"排除"：与"差值"模式相似，但混合后的图像对比度更低，因此整个画面更柔和。

　　案例参考素材图像 "第 4 章素材 \ 狼烟 .psd"。

　　"色相"：用下层颜色的亮度和饱和度及上层颜色的色相创建混合图像的颜色。

　　案例参考素材图像 "第 4 章素材 \ 酒具 .psd" 和 "美甲 .psd"，如图 4.18 所示。

　　"饱和度"：用下层颜色的亮度和色相及上层颜色的饱和度创建混合图像的颜色。

　　案例参考素材图像 "第 4 章素材 \ 富士山 .psd"。

　　"颜色"：用下层颜色的亮度及上层颜色的色相和饱和度创建混合图像的颜色。这样可以保留下层图像中的灰阶，对单色图像的上色和彩色图像的着色都非常有用。

【参考图文】

图 4.18　设置"色相"模式

案例参考素材图像"第 4 章素材 \ 更换服饰 .psd"，如图 4.19 所示。

"明度"：用下层颜色的色相和饱和度及上层颜色的亮度创建混合图像的颜色。该模式产生与"颜色"模式相反的图像效果。

【参考图文】

图 4.19　设置"颜色"模式

提示

"色相""饱和度""颜色"和"明度"等模式都是依据色彩的三要素混合图像。因此可将这些模式归类到一个组，称为"色彩模式组"。

4.4　图层样式

图层样式是创建图层特效的重要手段。Photoshop 提供了多种图层样式，可创建阴影、发光、浮雕、水晶和金属等各种具有逼真质感的特殊效果。

4.4.1　图层样式的添加及参数设置

图层样式影响的是整个图层，不能够作用于图层的部分区域，其添加方法如下。

(1) 选择要添加图层样式的图层。

(2) 单击【图层】面板上的【添加图层样式】按钮 *fx*，从弹出的菜单中选择要添加的图层样式，打开【图层样式】对话框，在参数控制区进行参数设置，如图 4.20 所示。

(3) 在对话框左侧的样式列表区还可以继续选择其他图层样式，并设置相应的样式参数。Photoshop 允许将多种样式同时施加在同一图层上。

(4) 单击【确定】按钮，完成图层样式的添加。

通过【图层】|【图层样式】菜单下的相应命令同样可以添加图层样式。

图 4.20　【图层样式】对话框

1. 投影

打开图像"第 4 章素材 \ 卡片 .psd"，选择"卡片"层。

选择【图层】|【图层样式】|【投影】命令，打开【图层样式】对话框。

在参数控制区设置投影样式参数，如图 4.21 所示。单击【确定】按钮。

将背景层填充白色，结果如图 4.22 所示。

图 4.21　【投影】参数设置　　　　图 4.22　添加【投影】样式后的图像

投影样式各项参数的作用如下。

(1)【混合模式】：确定图层样式与图层像素的混合方式。大多数情况下，默认模式会产生最佳的效果。通过单击右侧的颜色块，可选择阴影颜色。

(2)【不透明度】：设置阴影的不透明度。

(3)【角度】：设置光照方向。通过拖动圆周内的半径指针或在右侧文本框内输入数值(范围为 -360 ～ +360) 可改变角度。

(4)【使用全局光】：选择该复选框，使得添加在当前图像上的所有图层样式的光照角度保持一致，以获得统一的光照效果。否则可为当前图层样式指定不同的角度参数。

(5)【距离】：设置阴影的偏移距离。在【图层样式】对话框打开的情况下，通过在图像窗口中拖动光标，可以更直观地调整光照角度和阴影偏移距离。

(6)【扩展】：扩展阴影效果的影响范围。

(7)【大小】：设置阴影的模糊 (或羽化) 程度。

(8)【等高线】：设置阴影的轮廓。可以从下拉列表中选择预设的等高线，也可以自定义等高线。

(9)【消除锯齿】：选择该复选框，可使阴影的轮廓线更平滑，消除锯齿效果。

(10)【杂色】：添加一定的噪声因素，使阴影呈现颗粒状杂点效果。

(11)【图层挖空投影】：当图层的填充值低于 100% 时，该选项控制与当前层图像重叠区域的阴影的可视性。填充数值可通过【图层】面板右上角的【填充】选项设置。

2. 内阴影

内阴影样式用于在像素的内侧边缘添加阴影效果。

打开图像"第 4 章素材 \ 化妆品广告 .psd"，选择"边框"层。

选择【图层】|【图层样式】|【内阴影】命令，打开【图层样式】对话框。在参数控制区设置内阴影参数，如图 4.23 所示。图像效果如图 4.24 所示。

【阻塞】：增大数值可收缩内阴影边界，扩展内阴影的作用范围并使边缘模糊度减小。

其他参数的作用与投影样式的对应参数基本相同。

图 4.23 【内阴影】参数设置

图 4.24 内阴影样式图像效果

3. 外发光

外发光样式可以在像素边缘的外围产生亮光或晕影效果。

打开图像"第 4 章素材 \ 荷香 .psd"，选择"荷香"层。

选择【图层】|【图层样式】|【外发光】命令，打开【图层样式】对话框。在参数控制区设置外发光参数，如图 4.25 所示 (外发光的颜色设置为白色)。

单击【确定】按钮。将"荷香"层的填充数值设置为 0%，图像效果如图 4.26 所示。

外发光样式部分参数作用如下 (其他参数的作用与前面类似)。

(1) ◉□ ○▭：选择左侧单选按钮，可将外发光颜色设为单色；选择右侧单选按钮，则将外发光颜色设为渐变色。

(2)【方法】：设置外发光样式的光源衰减方式。

(3)【范围】：设置外发光样式中等高线的应用范围。

(4)【抖动】：使外发光样式的颜色和不透明度产生随机变动 (适用于外发光颜色为渐变色，而且其中至少包含两种颜色的情况)。

图 4.25　【外发光】参数设置

图 4.26　外发光样式图像效果

4. 内发光

内发光样式可以在像素边缘内侧产生发光或晕影效果。

打开图像"第 4 章素材 \ 婚纱 4-01.psd"，在【图层】面板上选择"镜框"层。

选择【图层】|【图层样式】|【内发光】命令，打开【图层样式】对话框。在参数控制区设置内发光参数，如图 4.27 所示 (内发光颜色为黑色)。图像效果如图 4.28 所示。

图 4.27　【内发光】参数设置

图 4.28　内发光样式图像效果

源：○ 居中(E)　◉ 边缘(G)：选择【边缘】单选按钮，内发光效果出现在像素的内侧边缘；选择【居中】单选按钮，效果出现在像素中心。

5．斜面和浮雕

使用斜面和浮雕样式可以制作各种形式的浮雕效果。在所有的预设图层样式中其功能最强大，参数也最复杂。

打开图像"第 4 章素材 \ 故乡 .psd"，在【图层】面板上选择"椭圆画面"层。

选择【图层】|【图层样式】|【斜面和浮雕】命令，打开【图层样式】对话框。参数设置如图 4.29 所示，图像效果如图 4.30 所示。

图 4.29　【斜面和浮雕】参数设置　　图 4.30　斜面和浮雕样式图像效果

【斜面与浮雕】对话框的部分参数的作用如下。

(1)【样式】：指定斜面与浮雕的样式。其中"内斜面"在像素内侧边缘生成斜面效果，"外斜面"在像素外侧边缘生成斜面效果，"浮雕效果"以下层图像为背景创建浮雕效果，"枕状浮雕"创建将当前图层像素边缘压入下层图像的压印效果，"描边浮雕"将浮雕效果应用于像素描边效果的边界 (若图层未添加描边样式，则看不到描边浮雕效果)。

(2)【方法】："平滑"稍微模糊浮雕的边缘使其变得更平滑；"雕刻清晰"用于消除锯齿形状的边界，使浮雕边缘更生硬清晰；"雕刻柔和"可产生比较柔和的浮雕边缘效果，对较大范围的边界更有用。

(3)【方向】：通过改变光照方向确定是向上的斜面和浮雕效果，还是向下的斜面和浮雕效果，如图 4.31 所示。

(a) 向上　　　　　　　　　　　　　　(b) 向下

图 4.31　通过改变光照方向产生按钮的不同状态

(4)【高度】：指定光源的高度。

(5)【高光模式】：指定高光部分的混合模式。通过右侧颜色块可选择高光颜色。

(6)【阴影模式】：指定阴影部分的混合模式。通过右侧颜色块可选择阴影颜色。

(7)【不透明度】：指定高光或阴影的不透明度。

【斜面和浮雕】样式还有【等高线】和【纹理】两个子选项。选择【等高线】，可在参数控制区设置等高线参数，如图 4.32 所示。

(1)【等高线】：选择预设的等高线类型，或自定义等高线。不同的等高线，将在斜面和浮雕效果的边缘形成不同的轮廓。

(2)【消除锯齿】：选择该复选框，可使轮廓线更平滑。

(3)【范围】：用于调整轮廓线的位置。

选择斜面和浮雕样式的【纹理】子选项，其参数控制区如图 4.33 所示。

(1)【图案】：选择预设图案或自定义图案，应用于斜面和浮雕效果中。

(2)【贴紧原点】：单击该按钮，纹理图案将与图层像素左上角对齐。

(3)【缩放】：调整纹理图案的大小。

(4)【深度】：设置纹理效果的强弱程度。

(5)【反相】：使纹理反相显示。

(6)【与图层链接】：选择该复选框，图案与图层建立链接，对图层的变换操作 (移动、缩放、旋转、斜切、透视和扭曲等)，同样会作用于图案。

图 4.32　【等高线】参数设置　　　　图 4.33　【纹理】参数设置

图 4.34 所示的是斜面和浮雕样式中【等高线】与【纹理】选项的应用示例，其参数设置可参照素材图像"第 4 章素材 \ 瓷砖 .psd"。

(a) 原图　　　　　　　　　　　　　(b) 效果图

图 4.34　【等高线】与【纹理】选项的应用

6. 光泽

在像素的边缘内部产生光晕或阴影效果，使之变得柔和。图像形状不同，光晕或阴影效果会有很大差别。光泽样式一般用于创建金属表面的光泽效果。

7. 叠加

叠加包括颜色叠加、渐变叠加和图案叠加三种样式，分别用于在图层像素上叠加单色、渐变色和图案。

8. 描边

可在像素边界上进行单色、渐变色或图案三种类型的描边，比【编辑】|【描边】命令的功能更强大。描边样式的对话框参数如图 4.35 所示。从【填充类型】下拉列表中可选择描边的类型。

打开图像"第 4 章素材 \ 竹韵 .psd"，对"竹子"层和文字层分别添加描边样式，结果如图 4.36 所示 [参数设置可参考"第 4 章素材 \ 竹韵 (描边).psd"]。

图 4.35　【描边】参数

图 4.36　应用案例

4.4.2　编辑图层样式

1. 在图层面板上折叠和展开图层样式

添加图层样式后，【图层】面板上对应图层名称的右边出现 fx ▪ 图标，图层样式的名称处于显示状态。通过单击其中的三角形按钮 ▪ (或 ▪)，可折叠或展开图层样式。

2. 重设图层样式参数

在【图层】面板上展开图层样式，双击图层样式的名称，重新打开【图层样式】对话框，修改其中参数，然后单击【确定】按钮。

3. 图层样式的复制与粘贴

图层样式的复制和粘贴是对多个图层应用相同或相近的图层样式的便捷方法。

打开图像"第 4 章素材 \ 心心相印 .psd"，在【图层】面板上"心形 1"层的名称上右击，从右键菜单中选择【拷贝图层样式】命令。

在"心形 2"层的名称上右击，从右键菜单中选择【粘贴图层样式】命令。结果"心形 1"层的样式被复制到"心形 2"层，如图 4.37 所示。

图 4.37　复制图层样式

继续在"花朵"层上粘贴图层样式，结果"花朵"层原有的样式被取代。

4. 将图层样式转换为图层

为了充分发挥图层样式的作用，有时需要将图层样式从图层中分离出来，形成独立的新图层。对该层进一步处理可创建图层样式无法达到的效果。

将图层样式转化为图层的方法如下。

选择已应用图层样式的图层，选择【图层】|【图层样式】|【创建图层】命令。

5. 删除图层样式

在【图层】面板上，将添加到某一图层的图层样式的名称拖动到【删除图层】按钮🗑上可将其删除。拖动 _fx▲_（或 _fx▼_）图标到【删除图层】按钮🗑上，可删除该图层的所有样式。

4.5　背景层、文字层与中性色图层

4.5.1　背景层

背景层是一个比较特殊的图层，从表面上观察，它位于图层面板的底部，"背景"二字为斜体。可以在背景层上绘画，甚至使用滤镜。但是，熟悉背景层的人都知道，它的许多图层属性都是锁定的，无法更改。这些属性包括：排列顺序、不透明度、填充、混合模式等。另外，图层样式、图层蒙版、矢量蒙版、变换（比如移动、缩放、旋转、扭曲、透视）等也不能用于背景层。解除这些"枷锁"的唯一方法就是将其转换为普通图层，方法如下。

在【图层】面板上，双击背景层缩览图，或者选择【图层】|【新建】|【背景图层】命令，在弹出的【新建图层】对话框中输入图层名称，单击【确定】按钮。

另外，在不存在背景层的图像中，选择【图层】|【新建】|【图层背景】命令，可将当前层转化为背景层，置于【图层】面板的底部。原图层的透明区域在转换后以当前背景色填充。

提示

使用橡皮擦工具擦除背景层图像，或旋转画布时，背景层上产生的空白区域将以当前

背景色填充。删除和变换（移动、缩放、旋转等）背景层选区内的图像时情况类似。

4.5.2　文字层

使用横排文字工具和直排文字工具在图像中创建文字时，将自动产生文本图层。文字层缩览图上有一个 T 符号，并以输入的文字内容作为默认的图层名称。

由于文字层包含矢量数据（文本），绘画与填充工具、图像修整工具、滤镜等不能直接使用于文字层。要想在文字层上使用这些工具和菜单命令，可以选择【图层】|【栅格化】|【文字】命令对文字层进行栅格化，从而将文字层转换为普通图层。

文字层栅格化之前可以随时对其中的文字进行编辑修改。一旦栅格化，文字层的矢量元素随之转换为位图，就不能再将其作为文本对象进行编辑了（如更改字体、字号、文字内容等）。所以，在图像处理中，除非有特殊需要，应尽量避免栅格化文字层。

4.5.3　中性色图层

中性色图层也是一种很特殊的图层。通过在中性色图层上使用绘画工具或滤镜等操作可以改变图像效果，但不会破坏到其他图层。所以，使用中性色图层修改图像的方式是一种值得推崇的非破坏性编辑方式。以下通过一个简单例子介绍中性色图层的创建与编辑方法。

打开图像"第 4 章素材 \ 白宫 .jpg"，如图 4.38 所示。

在【图层】面板菜单中选择【新建图层】命令，打开【新建图层】对话框，如图 4.39 所示。首先在【模式】下拉列表中选择一种混合模式（此处选择"滤色"），然后选择【填充屏幕中性色】复选框。单击【确定】按钮，创建中性色图层"图层 1"。

图 4.38　素材图像　　　　　　　　图 4.39　【新建图层】对话框

Photoshop 根据所选图层混合模式为新创建的中性色图层填充相应的中性色（本例为黑色）。此时图像效果无任何变化。

提示

由于正常、溶解、实色混合、色相、饱和度、颜色和明度模式不存在中性色，因此无法创建这些混合模式的中性色图层。

通过选择【滤镜】|【渲染】|【镜头光晕】命令为中性色图层添加镜头光晕滤镜。结果滤镜效果出现在图像上，但背景层像素没有受到任何破坏，甚至可以通过拖动中性色图层改变滤镜的位置，如图 4.40 所示。

提示

变暗、正片叠底、颜色加深、线性加深和深色混合模式对应的中性色为白色。变亮、滤色、颜色减淡、线性减淡(添加)和浅色混合模式对应的中性色为黑色。叠加、柔光、强光、亮光、线性光和点光等混合模式对应的中性色为 50% 灰色。

图 4.40　在中性色图层上添加滤镜后的图像效果

比较另类的图层还有调整层、填充层、形状层，添加了图层蒙版、矢量蒙版或剪贴蒙版的图层等，由于涉及蒙版的概念，这些内容将在第 7 章介绍。

4.6　智 能 对 象

智能对象是一种新型的图层，是 Photoshop 继 CS2 版本之后进行非破坏性编辑的重要手段之一。其实质是嵌入原始文档中的新文档。

4.6.1　创建智能对象

创建智能对象的常用方法有两种。

第一种是将外部文件 (Illustrator 文件、相机原始数据文件等) 置入 Photoshop 文件中，形成智能对象。以 Illustrator 外部文件为例，操作方法如下。

(1) 在 Photoshop CC 中新建或打开 (此处新建) 要置入外部文件的图像。

(2) 使用【文件】|【置入】命令将 Illustrator 外部文件 "第 4 章素材 \ 小房子 .ai" 置入当前图像，生成新的图层，即智能对象。该图层以 Illustrator 文件名命名，图层缩览图的右下角有一个智能对象标志，如图 4.41 所示。

图 4.41　置入外部文件

(3) 在【图层】面板上双击智能对象图层的缩览图，可启动 Illustrator，对置入的外部文件进行修改并重新保存文件。Photoshop 中的智能对象将自动更新修改结果。

创建智能对象的第二种方法是在 Photoshop 中将图像的一个或多个图层转换为智能对象。举例如下。

(1) 打开图像"第 4 章素材 \ 相片 . psd"，选择"背景墙"图层之外的其他图层，如图 4.42 所示。

(2) 选择【图层】|【智能对象】|【转换为智能对象】命令，上述被选图层转换为智能对象 (图层缩览图的右下角有一个智能对象标志)，如图 4.43 所示。此时图像窗口的内容未发生任何变化。

图 4.42　选择要转换为智能对象的图层　　　图 4.43　转换为智能对象

(3) 双击智能对象图层的缩览图，弹出 Photoshop 提示框，单击【确定】按钮，打开一个 psb 格式的新文件。其文件名以智能对象图层的名称命名，其中保留着原始文档中将图层转换为智能对象之前的全部参数设定，如图 4.44 所示。

(4) 对 psb 文件进行修改。比如选择"相片"层，选择【图像】|【调整】|【去色】命令。

(5) 选择【文件】|【存储】命令，保存对 psb 文件所做的改动。此时去色效果在"相片 .psd"的智能对象中得到同步更新，如图 4.45 所示。

(6) 关闭 psb 文件。

图 4.44　打开 psb 文件　　　　　图 4.45　修改智能对象的原始数据

4.6.2　编辑智能对象

由 4.6.1 可知，智能对象保留着原始数据的全部信息设定。双击智能对象图层的缩览图，按提示进行操作，可修改智能对象的原始数据。

另外，也可以将智能对象作为一个整体进行非破坏性编辑修改，如复制、变换、修改图层不透明度和图层混合模式、添加图层样式、添加滤镜 (添加在智能对象上的滤镜称为智能滤镜) 等。以下重点介绍智能对象的复制与变换。

1. 创建智能对象的副本

在【图层】面板上，将智能对象图层的缩览图拖动到【创建新图层】按钮 上，得到智能对象的副本图层。编辑修改其中任何一个智能对象的原始数据，与之对应的其他智能对象都将同步更新。

2. 变换智能对象

对于基于像素的位图图像进行缩放、旋转等变换，势必会损失图像的原始信息，使画面变形、模糊。频繁的变换，将导致图像质量严重下降。但是，智能对象却可以进行非破坏性变换。因此，只要在变换前将图像转换为智能对象，即可解决上述问题，举例如下。

(1) 打开图像 "第 4 章素材 / 相片 .psd"，选择 "背景墙" 图层之外的其他图层。

(2) 按 Ctrl+T 组合键，显示自由变换控制框。在选项栏的 W 和 H 文本框中分别输入 20%(将所选图层成比例缩小到原来的 20%)，按 Enter 键确认。

(3) 再次按 Ctrl+T 组合键，将所选图层成比例放大到 500%(即恢复原始大小)，结果画面变得很模糊 (相片边框由于为形状层，因此依然清晰)。

(4) 使用【历史记录】面板将图像撤销到打开时的状态，并重新选择 "背景墙" 图层之外的其他图层。

(5) 使用【图层】|【智能对象】|【转换为智能对象】命令将被选图层转换为智能对象。

(6) 类似步骤 (2) 的操作，将智能对象图层成比例缩小到原来的 20%，并按 Enter 键确认。

(7) 双击智能对象图层的缩览图，开启 psb 文件，结果发现其中所有图层仍然保持原来的大小，并且画面质量没有受到任何影响。

(8) 关闭 psb 文件，返回图像 "相片 .psd"。

(9) 选择智能对象图层，再次按 Ctrl+T 组合键，显示自由变换控制框。选项栏的 W 和 H 文本框中显示的缩放比例依然是 20%(图 4.46)，说明智能对象记录了自身的缩放信息。如果再次对它进行缩放，仍然以图像的原始大小为基准进行变换。

(10) 将选项栏上 W 和 H 文本框中的缩放比例数值设置为 100%，并按 Enter 键确认。智能对象恢复为原始大小，图像质量并没有下降，如图 4.47 所示。

图 4.46　缩小智能对象

图 4.47　放大智能对象

总之，智能对象可以使图像的编辑处理更加方便，并且具有相当的可逆性。

但是，有些操作（如绘画、调色等）不能直接作用于智能对象，尽管可以通过选择【图层】|【智能对象】|【栅格化】命令将其栅格化之后再进行操作，但是这样就破坏了智能对象，使之不能再作为智能对象进行编辑修改。解决这个问题的最好办法是在智能对象上面创建中性色图层或调整层，将不能作用于智能对象的操作施加在中性色图层上，或借助调整层对智能对象进行颜色调整。这样既不必将智能对象栅格化，又完成了必要的操作。

4.7 案　　例

4.7.1 制作化妆品广告

1. 案例说明

本例主要使用图层混合模式抠选头发、进行面部美白和提高背景图像的亮度。将化妆品图层转换为智能对象是为了预防该层图像在反复缩放中产生模糊变形。

2. 操作步骤

【视频操作】

(1) 打开图像"第 4 章素材 \ 人物素材 4-01.jpg"，复制背景层，得到背景拷贝层。使用套索工具（羽化值设为 0）圈选所有白色背景及头发的边缘区域（将边缘散乱的发丝都包含在内），如图 4.48 所示。

(2) 选择【图层】|【新建】|【通过剪切的图层】命令，使选区内图像与背景拷贝层分离，得到图层 1，如图 4.49 所示。

图 4.48　选择背景与头发边缘

图 4.49　分离选区图像

(3) 打开图像"第 4 章素材 \ 植物 .jpg"。按 Ctrl+A 组合键全选图像，按 Ctrl+C 组合键复制图像。切换到"人物素材 4-01.jpg"，选择背景层后按 Ctrl+V 组合键粘贴图像，得到图层 2。

(4) 将图层 1 的混合模式设置为"正片叠底"。使用移动工具适当调整图层 2 中图像的位置，如图 4.50 所示。

(5) 复制图层 2，得到图层 2 拷贝。通过选择【滤镜】|【模糊】|【高斯模糊】命令，对图层 2 拷贝施加高斯模糊滤镜（模糊半径为 3 像素）。将图层 2 拷贝的混合模式设置为"滤色"，如图 4.51 所示。

(6) 在图层 1 的上方新建图层 3，设置图层 3 的混合模式为"柔光"，不透明度为 70%。

【参考图文】

图 4.50　使用"正片叠底"模式隐藏白色背景

【参考图文】

图 4.51　使用"滤色"模式提高图层亮度

(7) 将前景色设置为白色。使用画笔工具 (选择软边画笔，大小为 80 像素左右) 在图层 3 上对应人物皮肤的位置涂抹白色。在狭小的区域内操作时可减小画笔大小，尽量不要涂抹到头发，如图 4.52 所示。

(8) 将图层 3、图层 1 和背景拷贝层建立链接，然后使用移动工具水平向右适当移动这三个图层的位置，如图 4.53 所示。

(9) 打开图像"第 4 章素材 \ 化妆品 .jpg"，使用多边形套索工具选择图中的化妆品。按 Ctrl+C 组合键复制选区图像。切换到"人物素材 4-01.jpg"，选择图层 3 后按 Ctrl+V 组合键粘贴图像，得到图层 4。使用移动工具将化妆品移动到如图 4.54 所示的位置。

【参考图文】

图 4.52　使用"柔光"模式美白肌肤

图 4.53　调整人物的位置　　　　　图 4.54　复制化妆品素材

(10) 将图层 4 转化为智能对象。通过选择【编辑】|【自由变换】命令并配合 Shift 键适当放大化妆品，如图 4.55 所示。

(11) 复制图层 4，得到图层 4 拷贝，将图层 4 拷贝的混合模式设置为"柔光"。对图层 4 添加投影样式，适当设置投影参数，最终效果如图 4.56 所示。

【参考图文】

图 4.55　放大智能对象　　　　　图 4.56　图像最终效果

(12) 保存图像，并关闭所有素材文件。

4.7.2　制作卷纸国画

1．案例说明

本例主要使用投影、内阴影、图案叠加和描边样式制作卷纸国画效果。

2．操作步骤

(1) 将 Windows 桌面分辨率设置为 1280 像素 ×1024 像素。

(2) 启动 Photoshop CC，新建图像 (大小 970 像素 ×450 像素，分辨率 72 像素 / 英寸，RGB 颜色模式，白色背景)。

【视频操作】

(3) 新建图层 1。创建如图 4.57 所示的矩形选区 (羽化值为 0)，填充灰色 (或不同于白色背景的其他颜色)。按 Ctrl+D 组合键取消选区。

图 4.57　在图层 1 上绘制灰色矩形

(4) 同时选中背景层与图层 1。依次选择【图层】|【对齐】|【垂直居中】命令与【水平居中】命令，将灰色矩形对齐到图像窗口的中央位置。

(5) 打开图像"第 4 章素材 \ 图案 .jpg"。通过选择【编辑】|【定义图案】命令将其定义为图案。关闭图像"图案 .jpg"。

(6) 在新建图像中为图层 1 添加"图案叠加"样式，参数设置如图 4.58 所示【所选图案为步骤 (5) 中定义的图案】。

(7) 打开图像"第 4 章素材 \ 国画素材 .jpg"，按 Ctrl+A 组合键全选图像，再按 Ctrl+C 组合键复制图像。切换到新建图像，按 Ctrl+V 组合键粘贴图像，结果在图层 1 的上面生成图层 2。此时图像窗口如图 4.59 所示。关闭"国画素材 .jpg"。

图 4.58　【图案叠加】参数设置　　　图 4.59　将国画素材复制到新建图像

(8) 在新建图像中为图层 2 添加"描边"样式，参数设置如图 4.60 所示 (其中描边颜色为白色)。此时的图像效果如图 4.61 所示，图层面板如图 4.62 所示。

(9) 新建图层 3。创建如图 4.63 所示的矩形选区 (羽化值为 0)，在图层 3 的选区内填充白色。按 Ctrl+D 组合键取消选区。

(10) 为图层 3 添加"内阴影"样式，参数设置可参考图 4.64(其中内阴影颜色为黑色)。此时的图像效果如图 4.65 所示，图层面板如图 4.66 所示。

(11) 为图层 3 添加"投影"样式，参数设置如图 4.67 所示 (其中投影颜色为黑色)。

图 4.60【描边】参数设置　　　　图 4.61　描边效果

图 4.62　描边后的图层面板　　　　　　图 4.63　在左侧创建白色矩形

图 4.64【内阴影】参数设置　　　　　　图 4.65　内阴影效果

图 4.66　添加内阴影效果　　　　　　图 4.67　【投影】参数设置

(12) 复制图层 3，得到图层 3 拷贝。选择移动工具，将图层 3 拷贝中的卷纸效果水平向右拖动到国画的另一端，如图 4.68 所示。

【参考图文】

图 4.68 图像最终效果及图层面板组成

(13) 保存图像。

4.7.3 制作奥运五环

1. 案例说明

Photoshop 的【样式】面板提供了多种预设的复合图层样式，可以创建各种具有逼真质感的图层特效。本例利用其中的样式，配合其他一些基本操作，制作立体的奥运五环效果。

2. 操作步骤

【视频操作】

(1) 新建图像 (大小 600 像素 ×400 像素，分辨率 72 像素 / 英寸，RGB 颜色模式)。将背景层填充黑色。

(2) 新建图层 1。使用椭圆选框工具创建如图 4.69 所示的圆形选区 (羽化值为 0)。

(3) 在图层 1 选区内填充白色 (或与黑色有明显区别的其他任何颜色)。

(4) 选择【选择】|【变换选区】命令，显示选区变换控制框。按住 Alt+Shift 组合键，同时拖动四个角的控制块，缩小选区。按 Enter 键确认选区变换。

(5) 按 Delete 键删除选区内像素，并取消选区，如图 4.70 所示。

图 4.69 创建圆形选区

图 4.70 创建圆环

(6) 将图层 1 重命名为"蓝色环"。复制"蓝色环"层，将复制出来的层改名为"黑色环"，向右移动 200 个像素到如图 4.71 所示的位置。

(7) 同理，复制"黑色环"层，将复制出来的层改名为"红色环"，向右移动 200 个像素到如图 4.72 所示的位置 (右上角那只环)。

(8) 继续从"红色环"层复制出"绿色环"层，向左移动 100 个像素，再向下移动 80 个像素到如图 4.72 所示的位置 (右下角那只环)。

(9) 最后从"绿色环"层复制出"黄色环"层，向左移动 200 个像素到如图 4.72 所示的位置 (左下角那只环)。

图 4.71 复制出黑色环

图 4.72 五环排列顺序

(10) 选择背景层之外的所有其他图层。使用移动工具调整五个环的整体位置至图像窗口的中心，如图 4.73 所示。此时的【图层】面板如图 4.74 所示。

图 4.73　将五环整体移位

图 4.74　各图层排列顺序

(11) 显示【样式】面板，从面板菜单中选择【Web 样式】命令，弹出 Photoshop 提示框，单击【确定】按钮。Web 样式以按钮形式显示在【样式】面板上，如图 4.75 所示。

(12) 选择"蓝色环"层。在【样式】面板上单击【蓝色凝胶】样式按钮（第 12 个样式），结果该复合样式应用到"蓝色环"层。

(13) 同样，将"铬黄"样式（第 19 个样式）应用到"黑色环"层。将"红色凝胶"（第 9 个样式）、"绿色凝胶"（第 11 个样式）和"黄色凝胶"样式（第 10 个样式）分别应用到"红色环""绿色环"和"黄色环"层。此时图像效果如图 4.76 所示。

【参考图文】

图 4.75　显示 Web 样式

图 4.76　应用预设样式后的图像效果

(14) 选择"黄色环"层，单击【图层】面板底部的【添加图层蒙版】按钮，为"黄色环"层添加图层蒙版，如图 4.77 所示。

(15) 按住 Ctrl 键，在【图层】面板上单击"蓝色环"层的缩览图，载入蓝色环的选区（注意此时选择的还是"黄色环"层的蒙版——单击图层蒙版的缩览图可将其选择）。

(16) 将前景色设为黑色。选择画笔工具，使用硬边画笔在如图 4.78 所示的位置涂抹，直到两环上侧交叉处的黄色全部消失，如图 4.79 所示。从【图层】面板上可以看到，黑色涂抹在"黄色环"层的蒙版上。

图 4.77　添加图层蒙版　　　　　　　　图 4.78　利用蒙版隐藏图层像素

(17) 取消选区。在【图层】面板上双击"黄色环"层的缩览图，打开【图层样式】对话框，如图 4.80 所示 (局部)。选择【图层蒙版隐藏效果】复选框，单击【确定】按钮。此时，"黄色环"被擦除部分边缘的图层效果消失。

(18) 载入黑色环的选区 (注意此时选择的还是"黄色环"层的蒙版)。用画笔工具在黄色环与黑色环的下侧交叉处涂抹黑色。取消选区，如图 4.81 所示。

图 4.79　黄色环擦除后的效果　　　　　　图 4.80　设置黄色环层的混合选项

图 4.81　将黄色环与黑色环的下侧交叉处"擦除"

(19) 用上述类似的方法处理"绿色环"层：添加图层蒙版→"擦除"与黑色环的上侧交叉处→"擦除"与红色环的下侧交叉处→设置"绿色环"层的混合选项 (选择【图层蒙

版隐藏效果】复选框）。完成后的图像效果如图4.82所示，此时的【图层】面板如图4.83所示。

【参考图文】

图4.82 全部操作完成后的图像效果

图4.83 最终的【图层】面板组成

提示

本例操作结果可参考"第4章案例参考答案\奥运五环.psd"。关于图层蒙版的概念和基本操作可参阅第7章相关内容。

4.7.4 竹简效果设计

1. 案例说明

竹简是中国古代传播思想和文化的重要媒介，是典型的中国元素之一。本例通过综合使用图层基本操作、图层样式、图层混合模式等制作具有浓郁民族气息的竹简效果。最终效果可参考"第4章案例参考答案\竹简（参考效果）.psd"。

2. 操作步骤

【视频操作】

(1) 新建图像（大小700像素×466像素，分辨率72像素/英寸，RGB颜色模式，白色背景）。将背景层填充为黑色。

(2) 新建图层组，更名为"竹简"。在图层组内新建图层1。

(3) 使用矩形选框工具创建如图4.84所示的矩形选区（羽化值为0）。

图4.84 创建矩形选区

(4) 在图层 1 的选区内填充颜色 (颜色值为 #99a576)。取消选区。

(5) 在图层 1 上添加图层样式【斜面和浮雕】与【内阴影】，参数设置如图 4.85 和图 4.86 所示 (颜色参数都采用默认设置)。

图 4.85　【斜面和浮雕】参数设置　　　　图 4.86　【内阴影】参数设置

(6) 创建如图 4.87 所示的矩形选区 (羽化值为 0)。确认选择的是图层 1。选择【图层】| 【将图层与选区对齐】|【垂直居中】命令。

(7) 选择【选择】|【反向】命令，将选区反转。

(8) 选择【图像】|【调整】|【色阶】命令，打开【色阶】对话框，参数设置如图 4.88 所示。取消选区，此时的图像效果和【图层】面板如图 4.89 所示。

图 4.87　将图层 1 对齐到选区　　　　图 4.88　使用【色阶】提高亮度

图 4.89　单个竹片效果及当前图层结构

(9) 在【图层】面板上，将添加在图层 1 上的图层样式折叠起来。确认选择的是图层 1，按 Ctrl+Alt+T 组合键，显示【自由变换和复制】控制框。按向右方向键→，复制竹片到如图 4.90 所示的位置 (前后两个竹片之间有 1 ～ 2 个像素的间隔，操作前可放大图像)。

(10) 按 Enter 键确认变换【如果步骤 (9) 中放大了图像，此时应双击缩放工具将图像的显示比例恢复为 100%】。连续按 Ctrl+Alt+Shift+T 组合键，执行变换和复制操作多次 (本例 22 次)，得到如图 4.91 所示的效果。此时"竹简"图层组中共有 24 个图层。将"竹简"图层组折叠起来。

图 4.90　复制竹片　　　　　　　　图 4.91　连续复制竹片

(11) 新建图层组，更名为"竹孔"。在图层组内新建图层 2。

(12) 使用铅笔工具在图层 2 如图 4.92 所示的位置单击，绘制 5 像素大小的黑色圆点。

(13) 在图层 2 上添加【斜面和浮雕】样式，参数设置如图 4.93 所示 (颜色参数采用默认设置)。在【图层】面板上将图层 2 的样式折叠起来。

图 4.92　绘制黑色圆点　　　　　图 4.93　【斜面和浮雕】参数设置

(14) 打开【动作】面板，单击面板底部的【创建新组】按钮▢，打开【新建组】对话框，单击【确定】按钮，创建组 1。

(15) 在【动作】面板上单击【创建新动作】按钮▢，打开【新建动作】对话框，单击【记录】

按钮，进入动作录制状态(此时【动作】面板上的【开始记录】按钮●呈现红色录制状态)。

(16) 通过【图层】面板复制图层2，得到图层2拷贝。查看【动作】面板，【复制当前图层】命令已被记录在动作1中。

(17) 在【动作】面板上单击【停止播放 / 记录】按钮■，结束动作1的录制。选择动作1，如图 4.94 所示。单击【播放】按钮▶ 22 次，使圆点总数与竹片数目相等(共24个)，如图 4.95 所示。

图 4.94　选择要播放的动作

图 4.95　利用动作快速复制图层

(18) 选择移动工具，配合 Shift 键，将其中一个圆点水平拖动到如图 4.96 所示的位置(最右端的竹片上)。

(19) 选择"竹孔"图层组内的所有24个图层。选择【图层】|【分布】|【水平居中】命令，得到如图 4.97 所示的效果。

图 4.96　移动圆点

图 4.97　分布圆点

(20) 将"竹孔"图层组折叠起来。复制该图层组，得到"竹孔 拷贝"图层组。使用移动工具，配合 Shift 键，将组内所有圆点竖直向下拖动到如图 4.98 所示的位置。

(21) 新建图层组，更名为"连线"，并在组内新建图层3。

(22) 选择铅笔工具，配合 Shift 键，在图层3左上角如图 4.99 所示的位置绘制1像素粗细的白色水平线(将开始两个竹孔串起来)。

图 4.98　向下移动"竹孔 拷贝"组内圆点　　　　　　图 4.99　绘制白色连线

(23) 在图层 3 上添加投影样式，参数设置如图 4.100 所示 (颜色参数采用默认设置)。在【图层】面板上将图层 3 的样式折叠起来。

(24) 在【动作】面板上选择动作 1，单击【播放】按钮▶ 11 次，将图层 3 复制 11 次，使白色线段总数达到 12 个。

(25) 按步骤 (18) ～ (20) 的方法，首先将其中一条白色线段水平移动到竹简最右端的两个竹孔之间，然后分布所有白色线段，最后复制"连线"图层组，得到"连线 拷贝"图层组，并竖直向下移动，效果如图 4.101 所示。

(26) 将素材图像"第 4 章素材 \ 国画梅花 4-01.jpg"复制到当前图像中，生成图层 4(放置在所有图层的上面)。适当缩小素材图像，图层模式设为"变暗"，"填充"为 70%，放置在如图 4.102 所示的位置。

(27) 创建直排文字 (内容可从"第 4 章素材 \ 卜算子 - 陆游 .txt"中复制)，字体为隶书，字号、行间距、字间距、文字与标点的距离适当调整。设置文字层混合模式为"叠加"，填充为 70%，不透明度 100%，得到如图 4.103 所示的效果。

图 4.100　【投影】参数设置　　　　　　图 4.101　所有连线编辑完成后的效果

图 4.102　在竹简上添加"梅花"

图 4.103　在竹简上"书写"古词

(28) 将素材图像"第 4 章素材 \ 古人 .gif"复制到当前图像中，生成图层 5。适当缩放素材图像，图层混合模式设为"正片叠底"，填充为 80%，放置在如图 4.104 所示的位置。

(29) 将素材图像"第 4 章素材 \ 印章 .gif"复制到当前图像中，生成图层 6。设置图层混合模式为"颜色加深"，填充为 20%，放置在如图 4.105 所示的位置。

图 4.104　添加人物图像

图 4.105　添加印章图像

(30) 在【图层】面板上选择最上面的图层，按 Ctrl+Alt+Shift+E 组合键，执行盖印操作 (将所有可见层合并到一个新建图层)。将新图层更名为"图像合并效果"，并隐藏其他所有图层。

【参考图文】

提示

本例为简化操作，省略了竹简背后连线的制作。

小　　结

本章主要讲述了以下内容。

(1) 图层概念。图层可以理解为透明的电子画布。通常情况下，上层像素遮盖下面图层上对应位置的像素。

(2) 图层基本操作。包括图层的新建与删除，图层的显示与隐藏，图层的复制与更名，图层不透明度的更改，图层的重新排序，图层的链接、对齐和分布，图层不透明区域的选择，图层的合并等。熟练掌握这些基本操作，是用好 Photoshop 的基本前提。

(3) 图层混合模式。图层的混合模式决定该层的像素与其下层的对应像素以什么方式进行混合。

(4) 图层样式。图层样式是创建图层特效的重要手段。Photoshop 提供了投影、内阴影、外发光、内发光、斜面和浮雕等多种图层样式。

(5) 背景层、文字层与中性色图层。几种比较特殊的图层，应给予重视，重点掌握背景层与文字层。

(6) 智能对象。一种新型的图层，是 Photoshop 继 CS2 版本之后进行非破坏性编辑的重要手段之一。

本章理论部分未提及或超出本章理论范围的知识点如下。

(1) 图层蒙版的实质与基本操作 (先做了解，可参阅第 7 章相关内容)。

(2) 图层盖印操作。按 Ctrl+Alt+Shift+E 组合键，将所有可见图层合并到一个新建图层；按 Ctrl+Alt+E 组合键，将所有选中图层合并到一个新建图层 (要求掌握)。

(3) 图层内容的大规模有规律复制：按 Ctrl+Alt+T 组合键显示自由变换和复制控制框→变换 (移动、缩放、旋转等) 控制框及其中图像，并按 Enter 键确认→按 Ctrl+Alt+Shift+T 组合键大批复制 (要求掌握)。

(4) 镜头光晕滤镜 (先做了解，可参阅第 5 章相关内容)。

(5) 动作的概念与基本用法 (参考第 9 章，最好掌握基本用法)。

习　　题

一、选择题

1. 以下关于图层的说法，不正确的是 ＿＿＿＿＿＿。

　　A. 名称为"背景"的图层不一定是背景层

　　B. 对背景层不能进行移动、更改透明度和缩放、旋转等变换

　　C. 新建图层总是位于当前层之上，并自动成为当前层

　　D. 对背景层可以添加图层样式，但在文字层上不能使用图层样式

2. 对 ＿＿＿＿＿ 个或 ＿＿＿＿＿ 个以上的链接图层可以进行对齐操作；对 ＿＿＿＿＿ 个或 ＿＿＿＿＿ 个以上的链接图层可以进行分布操作。

　　A. 2、2、3、3　B. 2、2、2、2　　　　　C. 3、3、3、3　　　　　D. 3、3、2、2

3. 要想将当前层选区内的图像复制到一个新图层中，可按 ＿＿＿＿＿＿ 组合键。

　　A. Ctrl+E　　　　B. Ctrl+C　　　　　C. Ctrl+Shift+Alt+E　　D. Ctrl+J

4. 要想将当前层调整到最顶层，可按 ＿＿＿＿＿＿ 组合键。

　　A. Ctrl+]　　　　B. Ctrl+[　　　　　C. Ctrl+Shift+]　　　　D. Ctrl+ Shift+[

5. 将所有可见图层合并到一个新图层中去的盖印操作的组合键是 ＿＿＿＿＿＿。

　　A. Ctrl+E　　　　B. Ctrl+Shift+Alt+E　　C. Ctrl+J　　　　　　D. Ctrl+Shift+E

6. 盖印图层的作用是 ＿＿＿＿＿＿。

　　A. 将当前层与下一层合并到一个新建图层

　　B. 将所有可见图层合并到一个新建图层

　　C. 将所有选中的图层合并到一个新建图层

　　D. 在当前层上添加水印效果

7. 在多图层图像的编辑中，隐藏图层的目的有多种，以下 _____ 除外。

　　A. 为了编辑被遮盖的图层，将上面的图层暂时隐藏

　　B. 将显示和隐藏图层操作交替进行，可确认图像中的部分内容位于哪个图层

　　C. 避免某些图层被不小心删除

　　D. 降低文件的存储空间

　　E. 将某些图层暂时隐藏以备后用

8. 关于复制图层的说法，以下选项错误的是 _____。

　　A. 复制图层可以在同一图像内部进行

　　B. 复制图层可以在不同图像之间进行

　　C. 可以将图层复制到已打开的其他图像中

　　D. 可以将图层复制到未打开的图像中

9. 多个图层建立链接关系后，对其中一个图层进行以下 _____ 操作，其他链接图层不会受到影响。

　　A. 移动　　　　　　　　　　B. 旋转

　　C. 缩放　　　　　　　　　　D. 更改图层混合模式

10. 对于全部锁定的图层，以下允许进行的操作是 _____。

　　A. 移动图层　　B. 排序图层　　　C. 添加滤镜　　　　D. 添加图层蒙版

11. 以下图层混合模式中，与"变暗"模式功能类似的是 _____。

　　A. 滤色　　　　B. 正片叠底　　　C. 叠加　　　　　D. 明度

12. 以下不属于非破坏性编辑手段的是 _____。

　　A. 中性色图层　B. 智能对象　　　C. 图层合并　　　D. 图层蒙版

二、填空题

1. 只有将 _____ 转换为普通层，才能调整其叠放次序。

2. 若要降低多图层图像所占用的磁盘存储空间，一个有效的方法是将图层进行 _____ 操作。

3. 若要同时调整多个图层的不透明度和图层混合模式，可将这些图层放置到同一个 _____ 中。

4. 按 _____ 键同时单击【图层】面板上的【创建新图层】按钮 🔲，可打开【新建图层】对话框。

5. 图层的 _____ 决定了图层像素如何与其下面图层上的像素进行混合。

6. 默认设置下，Photoshop 用 _____ 相间的方格图案表示图层的透明区域。

三、简答题

1. 解释图层的概念。

2. 背景层与普通层有何不同？文字层与普通层有何不同？

3. 若要同时移动多个图层上的图像，并且保持各图像间的相对位置不变，有几种方法？

4. 对于存在多个图层并且尚未编辑好的图像如何进行保存？

四、操作题

1. 利用"练习\第4章"文件夹下的素材图像"墙壁.gif"和"花朵.psd"制作吊饰效果（图4.106）。

操作提示：

(1) 将"墙壁.gif"的颜色模式转换为RGB颜色模式。

(2) 将"花朵.psd"中的花朵复制到"墙壁.gif"中，适当缩小，调整好位置。

(3) 使用画笔工具（增大画笔间距）在"花朵"层绘制白色点划线。添加阴影效果，完成一个吊饰的制作。

(4) 使用上述类似的方法制作其他吊饰。

素材图片　　　　　　　　效果图"吊饰"

图4.106　制作"吊饰"效果

2. 利用素材图像"练习\第4章\目标.jpg"制作望远镜效果，如图4.107所示。

【视频操作】

素材图片　　　　　　　　制作效果

图4.107　制作"望远镜"效果

3. 利用"练习\第4章"文件夹下的素材图像"电影画面01.jpg""电影画面02.jpg"和"电影画面03.jpg"制作电影胶片效果(图4.108)。彩色样张可参考"练习中的操作题参考答案\第4章\电影胶片参考效果.jpg"。

【视频操作】

图4.108　"电影胶片"效果

4. 利用"练习\第4章"文件夹下的素材图像"小鸟.jpg"和"小树.psd"(图4.109)制作如图4.110所示的效果(彩色样张可参考"练习中的操作题参考答案\第4章\小鸟和小树.jpg")。

图4.109　素材图像　　　　图4.110　树上的小鸟

操作提示:

(1) 为小树图层添加投影样式(混合模式为正常、阴影颜色为白色、不透明度75%、角度-45°、距离为4、大小为2、杂色为42%,其他参数默认)。

(2) 将小鸟复制过来,适当移动、缩放,添加外发光样式(不透明度40%、发光颜色为白色、大小为1,其他参数默认)。

5. 利用素材图像"练习\第4章\建筑标志.jpg"制作如图4.111所示的信封效果(彩色样张可参考"练习中的操作题参考答案\第4章\信封参考效果.jpg")。

【视频操作】

图 4.111　"信封"参考效果

操作提示：

(1) 信封折角可利用透视变换处理，然后降低亮度。

(2) 贴邮票处的虚线方框制作方法：定义黑色方形画笔，并增大画笔间距，然后用铅笔工具配合 Shift 键画出（前景色设置为红色）。

(3) 建筑图像先调用【色相 / 饱和度】命令，转换为红色调效果，再增加亮度。

第 5 章

滤　　镜

5.1 滤 镜 概 述

5.1.1 滤镜简介

滤镜是 Photoshop 的一种特效工具，操作并不太难，但要想用好它，用得恰到好处，却不是一件容易的事情。Photoshop CC 提供了多个滤镜组，每组都包含若干滤镜，加上滤镜库、液化和消失点等滤镜插件，共一百多个。必须经过长期大量的实践，在实际应用中不断积累丰富的经验，才能使用好这么多的滤镜。

滤镜的一般工作原理：以特定的方式使像素移位，改变像素的颜色值，或增减像素的数量，使图像瞬间产生各种各样的特殊效果。

5.1.2 滤镜基本操作

大多数滤镜在使用时都会弹出对话框，要求用户根据需要设置参数。只有少数几种滤镜无需设置参数，直接作用到图像上。滤镜的一般操作过程如下。

(1) 选择要应用滤镜的图层、蒙版或通道。图像局部使用滤镜时，需要创建相应的选区。

(2) 选择【滤镜】菜单下的滤镜插件或指定滤镜组中的某个滤镜。

(3) 若弹出对话框，则根据需要设置滤镜参数，单击【确定】按钮。

(4) 使用滤镜后，不要进行其他任何操作，选择【编辑】|【渐隐××】命令 (其中 ×× 代表刚刚使用过的滤镜名称)，弹出如图 5.1 所示的对话框。

图 5.1 【渐隐】对话框

① 【不透明度】：用于调整滤镜的作用强度。100% 代表调整前的滤镜最初效果。

② 【模式】：用于选择滤镜的作用模式。默认为"正常"。

(5) 最后一次使用的滤镜 (不包括消失点等滤镜插件) 总是出现在【滤镜】菜单的顶部。选择该命令，或按 Ctrl+F 组合键，可以在图像上再次叠加上一次的滤镜，以增强效果。此间不会打开滤镜对话框，参数设置与上一次相同。

5.1.3 滤镜使用要点

在使用滤镜时，以下几点值得注意。

(1) 在文本层、形状层等包含矢量元素的图层上使用滤镜时，会弹出提示框。单击【确定】按钮可栅格化图层，并在图层上应用滤镜。单击【取消】按钮，则撤销操作。

(2) 有些滤镜需要占用大量内存；在高分辨率的大图像上应用滤镜时，计算机的反应一般也很慢。在上述情况下，可采用以下方法提高计算机的性能。

① 先在小部分图像上试验滤镜效果，并记下最终参数设置，再将同样设置的滤镜应用到整个图像上。

② 在添加滤镜之前，运行【编辑】|【清理】菜单下的命令，以释放内存。

③ 退出其他应用程序，将更多的内存分配给 Photoshop 使用。

(3) 所有滤镜都不能应用于位图和索引颜色模式的图像。有些滤镜仅对 RGB 颜色模式的图像起作用。因颜色模式问题不能使用滤镜时，可适当转换图像的颜色模式；添加滤镜后再将颜色模式转换回来。

(4) 在对选区使用滤镜时，若事先将选区适当羽化，则应用滤镜后，滤镜效果可自然融入选区周围的图像中。

5.2　Photoshop CC 滤镜介绍

5.2.1　滤镜库

滤镜库将 Photoshop 的许多滤镜组合在同一个窗口中，为这些滤镜的使用提供了一个快速高效的平台。通过它可以为图像同时应用多个滤镜，设置每个滤镜的参数，还可以调整所用滤镜的先后顺序。

打开素材图像，选择【滤镜】|【滤镜库】命令，弹出如图 5.2 所示的对话框。

图 5.2　【滤镜库】对话框

1. 预览区

预览区用于查看当前设置下的滤镜效果。单击预览窗左下角的 和 按钮，可缩放预览区图像。单击 100% 按钮则弹出菜单，用于精确缩放预览图。当预览区出现滚动条时，在预览区拖动光标 (指针呈 状)，可查看隐藏的区域。

2. 滤镜列表区

滤镜列表区列出了可以通过滤镜库使用的所有滤镜。通过单击列表区右上角的 按钮，可显示或隐藏滤镜列表区。单击某个滤镜组左侧的三角按钮将其展开，选择其中某个滤镜，即可在预览区查看滤镜效果。

3. 参数调整区

在滤镜列表区选择某个滤镜，或在所用滤镜记录区选择某个滤镜记录后，可通过参数调整区修改该滤镜的各个参数值。

4. 所用滤镜记录区

所用滤镜记录区以记录的形式自下而上列出了要应用到图像的所有滤镜。通过上下拖动记录，可以调整滤镜使用的先后顺序，这会导致滤镜效果的总体改变。

通过单击滤镜记录左侧的 👁 图标，可以显示或隐藏相应的滤镜效果。单击记录区底部的 🗑 按钮，可删除选中的滤镜记录。单击 🗐 按钮，并在滤镜列表区选择某个滤镜，可将该滤镜添加到记录区的顶部，从预览区可以查看应用该滤镜后的图像变化。

通过滤镜库对话框选择所有要使用的滤镜后，单击【确定】按钮，则滤镜记录区所有未被隐藏的滤镜都应用到当前图像上。

5.2.2 风格化滤镜组

风格化滤镜组用来创建印象派或其他画派风格的绘画效果。其中使用频率较高的有风、浮雕效果和扩散等滤镜。下面以"第 5 章素材 \ 水果 5-01.jpg"为原素材图像（图 5.3），介绍其中各滤镜的用法。

1. 风

模仿不同类型的风的效果，其参数设置及滤镜效果如图 5.4 所示。

图 5.3　原图　　　　　图 5.4　【风】滤镜的参数设置及效果

【方法】：选择风的类型，包括"风""大风"和"飓风"3 种，强度依次增大。

【方向】：选择风向，包括"从右"（从右向左）和"从左"（从左向右）两种方向。

2. 浮雕效果

将图像的填充色转换为灰色，并使用原填充色描画图像中的边缘，产生在石板上雕刻的效果。参数设置及滤镜效果如图 5.5 所示。

【角度】：设置浮雕效果的受光方向，取值范围是 -360°～360°。

【亮度】：设置浮雕效果的凸凹程度，取值范围是 1～100。数值越大，凸凹程度越大。

【数量】：控制滤镜的作用范围及浮雕效果的颜色值变化，取值范围是 1%～500%。

图 5.5　【浮雕效果】滤镜的参数设置及效果

3. 扩散

模仿在湿的画纸上绘画所产生的油墨扩散效果，其参数设置及滤镜效果如图 5.6 所示。

图 5.6　【扩散】滤镜的参数设置及效果

【正常】：使图像中所有的像素都随机移动，形成扩散漫射的效果。

【变暗优先】：用较暗的像素替换较亮的像素。

【变亮优先】：用较亮的像素替换较暗的像素。

【各向异性】：使图像上亮度不同的像素沿各个方向相互渗透，形成模糊的效果。

此外，该组滤镜还包括查找边缘、等高线、拼贴、曝光过度、凸出和照亮边缘。

5.2.3　画笔描边滤镜组

画笔描边滤镜组模仿使用不同类型的画笔和油墨对图像进行描边，形成多种风格的绘画效果。在 Photoshop CC 中，该组滤镜是通过滤镜库调用的。以"第 5 章素材 \ 荷花 5-01. jpg"为例，素材图像及各滤镜的效果如图 5.7 所示。

| 素材图像 | 成角的线条 | 墨水轮廓 |

| 喷溅 | 喷色描边 | 强化的边缘 |

| 深色线条 | 烟灰墨 | 阴影线 |

图 5.7 【画笔描边】滤镜效果

5.2.4 模糊滤镜组

模糊滤镜组通过降低图像对比度创建各种模糊效果。其中使用频率较高的有动感模糊、高斯模糊和径向模糊等滤镜。

1. 动感模糊滤镜

动感模糊滤镜以特定的方向和强度对图像进行模糊，形成类似于运动对象的残影效果，常用于为静态物体营造运动的速度感。

以"第 5 章素材 \ 动物 5-01.jpg"（图 5.8）为例，动感模糊滤镜的参数设置及滤镜效果如图 5.9 所示。

【角度】：设置动感模糊的方向，取值范围是 −360º ～ 360º。

【距离】：设置动感模糊的强度，取值范围是 1 ～ 999。数值越大，模糊程度越大。

图 5.8 原图   图 5.9 【动感模糊】滤镜的参数设置及效果

2．高斯模糊滤镜

高斯模糊滤镜通过设置模糊半径，控制图像的模糊程度。其中【半径】参数的取值范围是 0.1 ～ 250。半径越大，图像越模糊。

打开图像"第 5 章素材 \ 桃花 5-01.psd"（图 5.10），选择背景层。此时高斯模糊滤镜的参数设置及滤镜效果如图 5.11 所示。

图 5.10　原图　　　　　　　图 5.11　【高斯模糊】滤镜的参数设置及效果

3．径向模糊滤镜

径向模糊滤镜即模仿拍摄时旋转相机或前后移动相机所产生的照片模糊效果，其对话框参数作用如下。

【数量】：设置模糊的程度，取值范围是 1 ～ 100。数值越大，模糊程度越大。

【模糊方法】：选择模糊的方法，包括"旋转"和"缩放"两种。旋转方法沿同心圆环线模糊；缩放方法则沿径向线模糊，就像在放大或缩小图像。

【品质】：选择模糊效果的品质，包括"草图""好"和"最好"3 种。

【中心模糊】：通过在预览框内拖动光标，改变模糊的中心位置。

打开图像"第 5 章素材 \ 茶花 5-01.jpg"（图 5.12），将径向模糊的模糊方法设置为"旋转"，并适当调整其他参数，如图 5.13 所示，得到旋转模糊效果。

图 5.12　素材图像——茶花　　　图 5.13　【径向模糊】滤镜的参数设置及效果——茶花

打开图像"第 5 章素材 \ 转盘 .jpg"（图 5.14），将径向模糊的模糊方法设置为"缩放"，并适当调整其他参数，如图 5.15 所示，得到缩放模糊效果。

图 5.14　素材图像——转盘　　　图 5.15　【径向模糊】滤镜的参数设置及效果——转盘

4. 镜头模糊滤镜

镜头模糊滤镜用于模拟景深效果，使部分图像位于焦距内而保持清晰，其余部分因位于焦距外而变得模糊。该滤镜可以利用选区确定图像的模糊区域，也可以利用蒙版和 Alpha 通道准确描述模糊程度及模糊区域的位置。

镜头模糊滤镜的对话框如图 5.16 所示，其中各参数作用如下。

图 5.16　【镜头模糊】滤镜对话框

【更快】：选择该单选按钮，可提高预览速度。

【更加准确】：选择该单选按钮，能够更准确地预览滤镜效果，但预览所需时间较长。

【源】：选择一个创建深度映射的源（蒙版或 Alpha 通道），以准确描述模糊程度及需要模糊区域的位置。

【模糊焦距】：设置位于焦点内的像素的深度。若在对话框的图像预览区某处单击，则【模糊焦距】自动调整数值，将单击点设置为对焦深度。

【反相】：选择该复选框，可将选区或用作深度映射源的蒙版或 Alpha 通道反转使用。

【形状】：选择光圈类型，以确定模糊方式。不同类型的光圈含有的叶片数量不同。

【半径】：调整模糊程度，半径越大越模糊。

【叶片弯度】：调整光圈叶片的弯度，对光圈边缘的图像进行平滑处理。

【旋转】：通过拖动滑块可使光圈旋转。

【亮度】：调整高光区域的亮度。数值越大，亮度越高。

【阈值】：设置亮度截止点，使得比该值亮的所有像素都被视为高光像素。

【数量】：设置杂点的数量。数值越大，杂点越多。

【平均】：随机分布杂色的颜色值，以获得细微效果。

【高斯分布】：沿一条钟形曲线分布杂色的颜色值以获得斑点状的效果。

【单色】：选择该复选框，将生成灰色杂点，否则生成彩色杂点。

打开图像"第 5 章素材 \ 人物 5-02.psd"（图 5.17）。从其【图层】面板可以了解到，"背景 拷贝"层上添加了隐藏人物选区的图层蒙版。从【通道】面板可以了解到，Alpha 1 通道上是一个黑白线性渐变。

【参考图文】

图 5.17　素材图像

单击"背景 拷贝"层的图层缩览图，使图像处于"背景拷贝"层的图层编辑状态。将【深度映射】的【源】设置为"图层蒙版"，并适当调整其他参数（图 5.18），可得到如图 5.19 所示的模糊效果。

【参考图文】

图 5.18　参数设置（一）　　　　图 5.19　滤镜效果（一）

撤销上一步的滤镜操作。将【深度映射】的【源】设置为"Alpha 1"通道（图 5.20），可得到如图 5.21 所示的模糊效果。

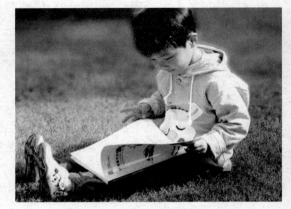

图 5.20　参数设置（二）　　　　　　　图 5.21　滤镜效果（二）

5．特殊模糊滤镜

特殊模糊滤镜用于精确地模糊图像。打开图像"第 5 章素材 \ 人物 5-03.jpg"，如图 5.22 所示。选择【滤镜】|【模糊】|【特殊模糊】命令，打开【特殊模糊】对话框，设置参数如图 5.23 所示。单击【确定】按钮，滤镜效果如图 5.24 所示。

使用历史记录画笔工具将眼睛与眉毛处恢复到模糊前的状态，如图 5.25 所示。

【特殊模糊】对话框中各参数的作用如下。

(1)【半径】：设置要模糊的像素的物理范围。

(2)【阈值】：确定像素颜色值的差别达到何种程度时才将其消除。

(3)【品质】：指定模糊品质，包括"低""中"和"高"3 种。

(4)【模式】：设置模糊的不同形式。包括"正常""仅限边缘"和"叠加边缘"3 种。

①正常：对整个图像应用模式。

②仅限边缘：仅为边缘应用模式。在对比度显著之处生成黑白混合的边缘。

③叠加边缘：在颜色转变的边缘应用模式。仅在对比度显著之处生成白边。

图 5.22　素材图像　　　　　　　图 5.23　设置【特殊模糊】滤镜参数

【参考图文】

图 5.24　【特殊模糊】滤镜效果　　　　图 5.25　复原眼睛与眉毛部位

此外，模糊滤镜组还包括表面模糊、方框模糊、模糊、进一步模糊、平均、形状模糊，以及 Photoshop CC 新增的场景模糊、光圈模糊和移轴模糊。

5.2.5　扭曲滤镜组

扭曲滤镜组通过对图像进行几何扭曲，创建三维或其他变形效果。在该组滤镜中，玻璃、海洋波纹和扩散亮光滤镜是通过滤镜库实现的。

1．玻璃

在 Photoshop CC 中，玻璃滤镜仅对 RGB 颜色、灰度、双色调和多通道模式的图像有效。该滤镜用于模仿透过不同类型的玻璃观看图像的效果，其参数区如图 5.26 所示，各参数作用如下。

【扭曲度】：控制图像的变形程度。

【平滑度】：控制滤镜效果的平滑程度。

【纹理】：选择一种预设的纹理或载入自定义的纹理 (*.psd 类型的图像文件)。

【缩放】：控制纹理的缩放比例，取值范围是 50%～ 200%。

【反相】：选择该复选框，玻璃效果的凸部与凹部对换。

以"第 5 章素材 \ 水果 5-02.jpg"(图 5.27) 为例，预设纹理的玻璃滤镜效果分别如图 5.28、图 5.29 和图 5.30 所示。

在【玻璃】滤镜对话框中，单击【纹理】下拉列表框右侧的 ▾≡ 按钮，从弹出式菜单中选择【载入纹理】命令，打开【载入纹理】对话框，选择素材图像"第 5 章素材 \ 纹理 .psd"，得到如图 5.31 所示的滤镜效果。

【参考图文】

图 5.26　参数设置　　　　　图 5.27　素材图像　　　　　图 5.28　滤镜效果——块

图 5.29　滤镜效果——画布　　　　图 5.30　滤镜效果——小镜头　　　　图 5.31　滤镜效果——载入纹理

2．极坐标

极坐标滤镜通过从直角坐标系到极坐标系，或从极坐标系到直角坐标系的转换对图像实施变形。该滤镜对话框如图 5.32 所示。

以"第 5 章素材\水乡 5-01.jpg"（图 5.33）为例，极坐标滤镜效果如图 5.34 和图 5.35 所示。

图 5.32　【极坐标】滤镜对话框　　　　　　　图 5.33　素材图像

图 5.34　从平面坐标到极坐标　　　　　　图 5.35　从极坐标到平面坐标

3．水波

水波滤镜模仿水面上的环形水波纹效果，常应用于图像的局部。

打开图像"第 5 章素材\读书 5-01.jpg"，创建如图 5.36 所示的矩形选区。设置水波滤镜的参数，如图 5.37 所示，滤镜效果如图 5.38 所示（选区已取消）。

图 5.36　创建选区　　　图 5.37　设置【水波】滤镜参数　　　图 5.38　滤镜效果

水波滤镜的各参数作用如下。

【数量】：控制波纹的数量，取值范围是 -100 ～ 100。

【起伏】：控制水波的波长和振幅。

【样式】：选择水波类型，包括"围绕中心""从中心向外"和"水池波纹" 3 种。

4. 波纹

波纹滤镜模仿水面上的波纹效果。以"第 5 章素材 \ 露珠 5-01.jpg"（图 5.39）为例，波纹滤镜的参数设置及滤镜效果如图 5.40 所示。

图 5.39　素材图像　　　图 5.40　【波纹】滤镜的参数设置及效果

【数量】：控制波纹的数量，取值范围是 -999 ～ +999。绝对值越大，波纹数量越多。

【大小】：设置波纹的大小，包括"小""中"和"大" 3 种类型。

5. 波浪

波浪滤镜模仿各种形式的波浪效果。仍以"第 5 章素材 \ 露珠 5-01.jpg"为例，波浪滤镜的参数设置及滤镜效果如图 5.41 所示。

【类型】：选择波浪的形状，包括【正弦】、【三角形】和【方形】 3 种类型。

【生成器数】：控制生成波浪的数量。

【波长】：控制波长的最小值和最大值。

【波幅】：控制波形振幅的最小值和最大值。

【比例】：控制图像在水平方向和竖直方向扭曲变形的缩放比例。

【随机化】：单击该按钮，将根据上述参数设置产生随机的波浪效果。

【未定义区域】：用扭曲边缘的像素颜色填充溢出图像的区域。

图 5.41　【波浪】滤镜的参数设置及效果

6.　海洋波纹

海洋波纹滤镜在图像上产生随机分隔的波纹效果，看上去就像在水中。在 Photoshop CC 中，海洋波纹滤镜只能应用于 RGB 颜色、灰度和双色调模式的图像。仍以"第 5 章素材\露珠 5-01.jpg"为例，海洋波纹滤镜的参数设置及滤镜效果如图 5.42 所示。

图 5.42　【海洋波纹】滤镜的参数设置及效果

【波纹大小】：控制波纹的大小。数值越大，波纹越大。

【波纹幅度】：控制波纹的幅度。数值越大，幅度越大。

7.　切变

切边滤镜使图像产生曲线扭曲效果。切变滤镜的对话框如图 5.43 所示。

在对话框的曲线方框内，直接拖动曲线，或先在曲线上单击增加控制点，再拖动控制点，都可以改变曲线的形状。单击【默认】按钮，曲线将恢复为默认的直线。

【折回】：用图像的对边内容填充溢出图像的区域。

【重复边缘像素】：用扭曲边缘的像素颜色填充溢出图像的区域。

以"第 5 章素材\建筑 5-01.jpg"（图 5.44）为例，切变滤镜效果如图 5.45 所示。

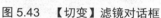

图 5.43　【切变】滤镜对话框　　　图 5.44　素材图像

图 5.45　【切变】滤镜效果

8.　球面化

球面化滤镜使图像上产生类似球体或圆柱体的凸起或凹陷效果。仍以"第 5 章素材 \ 建筑 5-01.jpg"为例，球面化滤镜的参数设置及滤镜效果如图 5.46 所示。

【数量】：控制凸起或凹陷的变形程度。数量的绝对值越大，变形效果越明显。

【模式】：选择变形方式，包括"正常""水平优先"和"竖直优先"3 种。

① 正常：从竖直和水平两个方向挤压对象，图像中央呈现球面隆起或凹陷效果。

② 水平优先：仅在水平方向挤压图像，图像呈现竖直圆柱形隆起或凹陷效果。

③ 竖直优先：仅在竖直方向挤压图像，图像呈现水平圆柱形隆起或凹陷效果。

图 5.46　【球面化】滤镜的参数设置及效果

此外，扭曲滤镜组还包括旋转扭曲、扩散亮光、置换和挤压等滤镜。

5.2.6　锐化滤镜组

锐化滤镜组通过增加相邻像素的对比度，特别是加强对画面中边缘的定义，使图像变得更清晰。

1.　USM 锐化

使用 USM 锐化滤镜锐化图像时，并不检测图像中的边缘，而是按指定的阈值查找值不同于周围像素的像素，并按指定的数量增加这些像素的对比度，以达到锐化图像的目的。

以"第 5 章素材 \ 水仙 5-01.jpg"(图 5.47)为例，USM 锐化滤镜的参数设置如图 5.48 所示，滤镜效果如图 5.49 所示。

【数量】：设置锐化量。数值越大，锐化越明显。

【半径】：设置边缘像素周围受锐化影响的像素的物理范围，取值范围是 0.1 ～ 250。数值越大，受影响的边缘越宽，锐化效果越明显。通常取 1 ～ 2 之间的数值时效果较好。

【阈值】：确定要锐化的像素与周围像素的对比度至少相差多少时才被锐化，取值范围是 0 ～ 255。阈值为 0 时将锐化图像中的所有像素，而阈值较高时仅锐化具有明显差异边缘像素。通常可采用 2 ～ 20 之间的数值。

使用 USM 锐化滤镜时，若导致图像中亮色过于饱和，可在锐化前将图像转换为 Lab 模式，然后仅对图像的 L 通道应用滤镜。这样既可锐化图像，又不至于改变图像的颜色。

图 5.47　素材图像　　图 5.48　【USM 锐化】滤镜对话框　　图 5.49　滤镜效果

提示

在 USM 锐化滤镜对话框的预览窗内，按住鼠标左键不放可查看到图像未锐化时的效果。

2. 智能锐化

智能锐化滤镜可以根据特定的算法对图像进行锐化，还可以进一步调整阴影和高光区域的锐化量。仍以"第 5 章素材 \ 水仙 5-01.jpg"为例，智能锐化滤镜的对话框如图 5.50 所示。

图 5.50　【智能锐化】滤镜对话框

【数量】：设置锐化量。数值越大，锐化越明显。

【半径】：设置边缘像素周围受锐化影响的像素的物理范围。数值越大，受影响的边缘越宽，锐化效果越明显。

【减少杂色】：消除图像上因锐化而产生的杂点 (锐化程度较弱的像素)。

【移去】：选择锐化算法。包括"高斯模糊""镜头模糊"和"动感模糊"3 种。其中"高斯模糊"是 USM 锐化滤镜采用的算法。

【角度】：设置像素运动的方向 (仅对"动感模糊"算法有效)。

在【智能锐化】滤镜对话框中，单击【阴影/高光】参数栏左侧的 ▶ 按钮，展开该栏参数，可进一步控制阴影和高光区域的锐化量，如图 5.51 所示。

图 5.51　展开【智能锐化】滤镜的【阴影 / 高光】参数栏

【渐隐量】：调整阴影或高光区域的锐化量。数值越大，锐化程度越低。

【色调宽度】：控制阴影或高光区域的色调修改范围。数值越大，范围越大。

【半径】：定义阴影或高光区域的物理范围。通过半径的取值，可以确定某一像素是否属于阴影或高光区域。

此外，锐化滤镜组还包括锐化滤镜、进一步锐化滤镜、锐化边缘滤镜，以及 Photoshop CC 新增的防抖滤镜。

5.2.7　素描滤镜组

素描滤镜组用于模仿速写等多种绘画效果。该组滤镜共 14 种，重绘图像时大多使用当前前景色和背景色，并且都是通过滤镜库调用的。以"第 5 章素材 \ 人物 5-01.jpg"为例，设置前景色为黑色，背景色为白色，素材图像及素描滤镜效果如图 5.52 所示。

素材图像

半调图案

便条纸

图 5.52　【素描】滤镜效果

粉笔和炭笔	绘图笔	基底凸现
水彩画纸	撕边	图章
网状	影印	炭精笔

图 5.52　【素描】滤镜效果（续）

此外，素描滤镜组还包括铬黄、石膏效果和炭笔滤镜等。

5.2.8　纹理滤镜组

纹理滤镜组包括纹理化、龟裂缝、颗粒、马赛克拼贴、拼缀图和染色玻璃 6 种，可以为图像添加各种纹理效果，使图像表现出深度感或物质感。该组滤镜是通过滤镜库调用的。

以"第 5 章素材 \ 人物 5-04.jpg"（图 5.53）为例，纹理化滤镜的参数设置及滤镜效果如图 5.54 所示。

图 5.53　素材图像　　　　　图 5.54　【纹理化】滤镜的参数设置及效果

【纹理】：选择预设纹理或单击右侧的 ▾≣ 按钮载入自定义纹理 (*.psd 类型的图像
　　　　　文件)。

【缩放】：控制纹理的缩放比例。

【凸现】：设置纹理的凸显程度。数值越大，纹理起伏越大。

【光照】：设置画面的受光方向。从下拉列表中可以选择 8 种光源方向。

【反相】：选择该复选框，将获得一个反向光照效果。

其他纹理滤镜的效果如图 5.55 所示。

　　龟裂缝　　　　　　颗粒　　　　　马赛克拼贴　　　　拼缀图　　　　染色玻璃

图 5.55　其他纹理滤镜的效果

5.2.9　像素化滤镜组

像素化滤镜组可以使图像单位区域内颜色值相近的像素结成块，形成点状、晶格等特效。以"第 5 章素材 \ 樱花 5-01.jpg"为例，素材图像及各滤镜的效果如图 5.56 所示。

　　素材图像　　　　　彩色半调　　　　　彩块化　　　　　点状化

　　晶格化　　　　　　马赛克　　　　　碎片　　　　　铜版雕刻

图 5.56　素材图像及像素化滤镜的效果

5.2.10　渲染滤镜组

渲染滤镜组包括云彩、分层云彩、纤维、镜头光晕和光照效果滤镜等。其中镜头光晕和光照效果滤镜仅对 RGB 图像有效。

1.　镜头光晕

模仿拍照时因亮光照射到相机镜头上而在照片中产生的折射效果。以"第 5 章素材\人物 5-05.jpg"（图 5.57）为例，镜头光晕滤镜的参数设置及滤镜效果如图 5.58 所示。

滤镜效果预览区：在该区域的任一位置单击或拖动光标，可确定光晕中心的位置。按住 Alt 键在滤镜效果预览区单击，可精确设置光晕中心的位置。

【亮度】：控制光晕的亮度。

【镜头类型】：指定相机的镜头类型。包括【50-300 毫米变焦】、【35 毫米聚焦】、【105 毫米聚焦】和【电影镜头】4 种。

图 5.57　素材图像　　　　图 5.58　【镜头光晕】滤镜的参数设置及效果

2.　光照效果

在 8 位 RGB 图像上创建各种光照效果。仍以"第 5 章素材\人物 5-05.jpg"为例，选择【滤镜】|【渲染】|【光照效果】命令，如图 5.59 所示，从选项栏、【属性】面板和【光源】面板可以对光照效果滤镜进行参数设置。另外，通过在图像上拖动控制手柄还可以改变灯光的位置、方向和强度等属性。

图 5.59　【光照效果】滤镜的参数设置及预览效果

选项栏主要参数如下。

(1)【预设】：选择预设光照效果。可供选择的预设方案多达 17 种，部分如图 5.60 所示。

(2)【光照】：单击 、 或 按钮可以向图像中添加聚光灯、点光或无 限光 (或称太阳光、全光源等)。

(3) ↺：单击该按钮，可重置当前光源。

| (a) 柔化全光源 | (b) 喷涌光 | (c) 五处下射光 |

图 5.60　【光照效果】滤镜的部分预设方案

【属性】面板参数如下。

(1) 光照类型：单击 聚光灯 选择不同的光照类型，包括"点光""聚光灯"和"无限光"三种类型。

(2)【颜色】：选择灯光颜色。

(3)【强度】：调整光照强度，取值范围是 -100 ～ 100。数值越大，光线越强。取负值时，光源不仅不发光，还吸收光。

(4)【聚光】：控制主光区 (内部小光圈，光线较强。大光圈表示衰减光区，光线较弱) 的大小。数值越大，主光区面积越大。

(5)【着色】：选择环境光的颜色。

(6)【曝光度】：取值范围是 -100 ～ 100。正值增强光照，负值减弱光照。

(7)【光泽】：控制对象表面反射光的多少。数值越大，光照范围内的图像越明亮。

(8)【金属质感】：确定光照和光照投射到的对象 (即图像本身) 哪个反射率更高。

(9)【环境】：控制环境光的强弱，数值越大，环境光越强。环境光是照亮整个场景的常规光线，强度均匀，无方向感。

(10)【纹理】：在指定的通道 (颜色通道、Alpha 通道等) 范围内产生立体浮雕效果。案例参考素材图像"第 5 章素材 \ 花语 .psd"(在 Alpha 1 通道上产生纹理效果)。

(11)【高度】：控制纹理的高度。数值越大，纹理越凸出。

在【光源】面板上选择一个光照，单击 按钮，可将其删除 (最后一个光照无法删除)。

3. 云彩

从前景色和背景色之间随机获取像素的颜色值，生成柔和的云彩图案。按住 Alt 键选择云彩滤镜，可生成色彩分明的云彩图案。

4. 分层云彩

从前景色和背景色之间随机获取像素的颜色值，生成云彩图案，并将云彩图案和原图像进行混合。最终效果相当于使用云彩滤镜产生的图案以差值混合模式叠加在原图像上。

5. 纤维

使用前景色和背景色创建纤维的外观效果，并将原图像取代。选择前景色颜色值为 #974a28，背景色颜色值为 #b2613a，纤维滤镜的参数设置及滤镜效果如图 5.61 所示。

【差异】：控制纤维的长短。取值越大，条纹越短，并且颜色分布变化越多。

【强度】：控制每根纤维的外观。低设置产生展开的纤维，高设置产生短的丝状纤维。

【随机化】：单击该按钮可随机更改图案的外观。可多次单击直到获得满意的效果。

【参考图文】

图 5.61　【纤维】滤镜的参数设置及效果

5.2.11　艺术效果滤镜组

艺术效果滤镜组用于模仿在自然或传统介质上进行绘画的效果。该组滤镜包括 15 种滤镜，是通过滤镜库调用的。以"第 5 章素材＼时装 5-01.jpg"为例，素材图像及各滤镜的效果如图 5.62 所示。

素材图像　　　　　　壁画　　　　　　彩色铅笔　　　　　　粗糙蜡笔

底纹效果　　　　　　干画笔　　　　　　海报边缘　　　　　　海绵

图 5.62　素材图像及艺术效果滤镜的效果

绘画涂抹

胶片颗粒

木刻

霓虹灯光

水彩

塑料包装

调色刀

涂抹棒

图 5.62 素材图像及艺术效果滤镜的效果 (续)

5.2.12 杂色滤镜组

杂色滤镜组可以为图像添加或移除杂色。

1. 添加杂色

将随机像素添加到图像上，生成均匀的杂点效果。以"第 5 章素材 \ 建筑 5-03.jpg"
(图 5.63) 为例，添加杂色滤镜的参数设置及滤镜效果如图 5.64 所示。

【数量】：控制杂点数量。数值越大，杂点越多。

【平均分布】与【高斯分布】：杂点的两种分布方式，效果略有不同。

【单色】：选择该复选框，可生成单色杂点；否则，生成彩色杂点。

【参考图文】

图 5.63 素材图像

图 5.64 【添加杂色】滤镜的参数设置及效果

2. 减少杂色

在保留边缘的情况下减少图像中的杂色。【减少杂色】滤镜对话框如图 5.65 所示。

图 5.65　【减少杂色】滤镜对话框

【基本】：选择该单选按钮，可以对图像的整体效果进行调整。

【高级】：选择该单选按钮，可以从每个颜色通道对图像进行调整（图像中的杂点分为亮度杂点和颜色杂点两种。有时杂点在某个颜色通道比较明显，这时可从单个通道入手调整图像，结果可以保留更多的图像细节）。

【强度】：控制图像中亮度杂点的减少量。

【保留细节】：控制图像细节的保留程度。

【减少杂色】：控制移去杂点像素的多少。

【锐化细节】：对图像进行锐化。

【移去 JPEG 不自然感】：选择该复选框，可移去因 JPEG 算法压缩而产生的不自然色块。

杂色滤镜组中的其他三个滤镜——蒙尘与划痕、去斑和中间值也是以不同的方式减少图像中的杂色。使用这些滤镜配合历史记录画笔工具也可以美化人物的肌肤。

(1) 蒙尘与划痕：通过在指定的范围内调整相异像素的颜色值，减少图像中的杂色。

(2) 去斑：检测图像中的颜色边缘，并将边缘外的其他区域进行模糊处理，以去除或减弱画面上的斑点、条纹等杂色，同时保留图像细节。在图像上应用一次去斑滤镜效果不太明显，往往要应用多次滤镜后才能看到效果。

(3) 中间值：通过混合图像的亮度减少杂色。该滤镜并不保留图像的细节。

5.2.13　其他滤镜组

其他滤镜组用于快速调整图像的色彩反差和色值，在图像中移位选区，自定义滤镜等方面。

1. 高反差保留

高反差保留滤镜能使图像中有强烈颜色变化的地方保留边缘细节，并过滤掉颜色变化平缓的其余部分，其作用与高斯模糊滤镜恰好相反。以"第 5 章素材 \ 人物 5-07.jpg"

（图 5.66）为例，高反差保留滤镜的参数设置及滤镜效果如图 5.67 所示。

图 5.66　素材图像　　　　　　图 5.67　【高反差保留】滤镜的参数设置及效果

【半径】：指定边缘附近要保留细节的物理范围。数值越大，范围越大。

高反差保留滤镜在一定程度上突出了图像的边缘轮廓。图 5.68 所示是对"人物 5-07.jpg"应用高反差保留滤镜（半径设为 1.9）后，再使用【阈值】命令（参阅第 3 章）调色得到的线描画效果。图 5.69 则是直接使用【阈值】命令调色得到的效果。可见前者边缘细节更丰富。

图 5.68　线描画效果（一）　　　　　　图 5.69　线描画效果（二）

2．最大值

最大值滤镜可扩展图像的亮部区域，缩小暗部区域，其对话框如图 5.70 所示。

【半径】：针对图像中的单个像素，在指定半径范围内，用周围像素的最大亮度值替换当前像素的亮度值。

3．最小值

最小值滤镜的作用与最大值滤镜相反，其扩展图像的暗部区域，缩小亮部区域，对话框如图 5.71 所示。

【半径】：针对图像中的单个像素，在指定半径范围内，用周围像素的最小亮度值替换当前像素的亮度值。

图 5.70　【最大值】滤镜对话框　　　　图 5.71　【最小值】滤镜对话框

　　最大值滤镜和最小值滤镜对于修改蒙版非常有用。以"第 5 章素材＼花瓣 5-01.psd"（图 5.72）为例，对"花瓣"层的图层蒙版应用最大值滤镜（半径设为 1）和最小值滤镜（半径设为 2）后的效果如图 5.73 和图 5.74 所示。

图 5.72　选择素材图像的图层蒙版

图 5.73　最大值滤镜效果　　　　图 5.74　最小值滤镜效果

　　此外，其他滤镜组还包括自定滤镜和位移滤镜。使用自定滤镜可以根据预定义的数学算法（即卷积运算），通过更改图像中每个像素的亮度值创建用户自己的滤镜。使用位移滤镜可以按指定的数值水平或垂直移动图像，图像原位置出现的空白则根据指定的内容进行填充。

5.2.14　液化滤镜

　　液化滤镜是 Photoshop 修饰图像和创建艺术效果的强大工具，可对图像进行推、拉、旋转、反射、折叠和膨胀等随意变形。

　　打开图像"第 5 章素材＼人物 5-10.jpg"。选择【滤镜】|【液化】命令，打开【液化】对话框，选择对话框右侧的【高级】复选框，展开所有参数，如图 5.75 所示。

图 5.75　【液化】滤镜对话框

1.　工具箱

向前变形工具 ![]：拖动时向前推送像素。

重建工具 ![]：以涂抹的方式恢复变形，或者使用新的方法重新对图像进行变形。

平滑工具 ![]：对图像中液化变形的区域进行平滑处理。

湍流工具 ![]：单击或拖动光标时顺时针旋转像素。按住 Alt 键操作，可使像素逆时针旋转。

褶皱工具 ![]：单击或拖动光标时像素向画笔中心收缩。

膨胀工具 ![]：单击或拖动光标时像素从画笔中心向外移动。

左推工具 ![]：将像素向垂直于鼠标拖动的方向移动挤压。按住 Alt 键操作，像素移动方向相反。

冻结蒙版工具 ![]：在需要保护的区域拖动光标，可冻结该区域图像 (被蒙版遮盖)，这样可以免除或减弱对该区域图像的破坏。冻结程度取决于当前的画笔压力。压力越大，冻结程度越高。冻结程度的大小由蒙版的色调表示。当画笔压力取最大值 100 时，表示完全冻结。

解冻蒙版工具 ![]：在冻结区域拖动光标可以解除冻结。画笔压力对该工具的影响与冻结蒙版工具类似。

2.　【工具选项】栏

【画笔大小】：设置工具箱中对应工具的画笔大小。

【画笔密度】：设置变形工具的画笔密度。减小画笔密度更容易控制变形程度。

【画笔压力】：控制图像在画笔边界区域的变形程度。数值越大，变形程度越明显。

【画笔速率】：控制图像变形的速度。数值越大，变形速度越快。

【光笔压力】：选择该复选框，使用数位板的压力值调整图像变形程度。

3. 【重建选项】栏

【重建】：用于减弱图像的变形程度。

【恢复全部】：撤销图像 (包括未完全冻结的区域) 的全部变形。

4. 【蒙版选项】栏

将原图像的选区、当前层的蒙版和透明区域载入图像预览区，并与图像预览区中的蒙版选区进行替代、求并、求差、求交和反转等运算。

【无】：清除图像预览区的所有蒙版。

【全部蒙住】：在图像预览区的全部区域添加蒙版。

【全部反相】：在图像预览区，将蒙版区域与未蒙版区域反转。

5. 【视图选项】栏

【显示图像】：用来显示和隐藏当前层预览图像。

【显示网格】：在图像预览区显示和隐藏网格。

【网格大小】：设置网格的大小。

【网格颜色】：设置网格的颜色。

【显示蒙版】：在图像预览区显示和隐藏蒙版。

【蒙版颜色】：设置蒙版的颜色。

【显示背景】：在图像预览区显示和隐藏背景幕布 (即图像中的其他图层)。

【使用】：选择某个图层作为背景幕布。

【模式】：确定背景幕布与当前图层及变形网格的叠加方式。

【不透明度】：通过改变不透明度值调整背景幕布与当前图层及变形网格的叠加效果。

使用各变形工具，适当设置工具选项栏的参数，对当前图像进行变形。

(1) 使用湍流工具，适当设置画笔大小，对头发进行弯曲变形 (不要忘记 Alt 键的作用)。

(2) 使用向前变形工具，适当设置画笔大小，向上拖动眉毛，使其更平滑。为了防止眼睛同时变形，可事先使用冻结蒙版工具将眼睛冻结。

(3) 类似地，鼻子左侧部位及嘴的变形同样归功于向前变形工具和冻结蒙版工具。

(4) 使用膨胀工具，适当设置画笔大小，在瞳孔中心单击，放大眼睛。或使用向前变形工具，适当向外拖动眼睛边框放大眼睛。切记在操作前一定要将眉毛等部位冻结保护起来。

上述操作完成后，单击对话框中的【确定】按钮，将变形效果应用到当前图像上，如图 5.76 所示。

【参考图文】

(a) 变形前 　　　　　　　　　　　　　　　 (b) 变形后

图 5.76　图像液化变形前后对比

5.2.15 消失点滤镜

消失点滤镜可以帮助用户在编辑包含透视效果的图像时，保持正确合理的透视方向。其基本用法如下。

(1) 打开图像"第 5 章素材\水墨荷花.jpg"，按 Ctrl+A 组合键全选图像，按 Ctrl+C 组合键复制图像。

【参考图文】

【视频操作】

提示

在使用消失点滤镜前，通常需要做如下准备工作。

① 将图像、文字等复制到剪贴板，以便在打开滤镜对话框后，将这些素材粘贴到指定的透视平面。

② 在要编辑的图像中新建一个图层(并选择该层)，这样可以将消失点滤镜的处理结果放置在该图层中，避免破坏原始图像。

③ 若事先创建一个选区，可将消失点滤镜的处理结果限制在选区内。

(2) 打开图像"第 5 章素材\画廊.jpg"。新建图层 1，并选择该图层，如图 5.77 所示。

图 5.77 选择新创建的图层

(3) 选择【滤镜】|【消失点】命令，打开【消失点】对话框，如图 5.78 所示。

图 5.78 【消失点】滤镜对话框

(4) 在对话框左侧的工具箱中选择创建平面工具 。在画面左侧展板的四个角上依次单击，确定平面的 4 个点，如图 5.79 所示。如果平面显示为红色或黄色，说明平面四个角的节点位置有问题，应使用编辑平面工具 移动平面上的控制点进行调整 (编辑平面工具用于选择、移动、缩放和编辑平面)，直至平面显示为蓝色。

【参考图文】

图 5.79　创建平面

(5) 按 Ctrl+V 组合键粘贴步骤 (1) 中复制的图像，形成浮动选区。使用变换工具 (类似【自由变换】命令，用于移动、缩放和旋转浮动选区内的图像) 缩小图像，并将图像移动到上述平面范围内，使其呈现出透视效果。适当调整图像的宽度与高度，使其适配整个平面的大小，如图 5.80 所示。

图 5.80　粘贴并调整图像

(6) 单击【消失点】滤镜对话框的【确定】按钮，将滤镜效果应用于图像 (图 5.81)。此时的【图层】面板如图 5.82 所示。

图 5.81　消失点滤镜效果　　　　图 5.82　应用消失点滤镜后的图层组成

5.3　智 能 滤 镜

智能滤镜是 Photoshop 自 CS3 版本新增的功能，可以在不破坏图像像素的情况下获得同样的滤镜效果。智能滤镜是 Photoshop 进行非破坏性编辑的重要手段。

所谓智能滤镜就是添加在智能对象上的滤镜。下面介绍智能滤镜的基本用法。

5.3.1　添加智能滤镜

打开图像"第 5 章素材 \ 人物 5-08.jpg"，如图 5.83 所示。

图 5.83　素材图像

选择【滤镜】|【转换为智能滤镜】命令，弹出 Photoshop 提示框。单击【确定】按钮，将背景层转换为智能对象"图层 0"。

通过滤镜库为图层 0 添加纹理化智能滤镜，参数设置如图 5.84 所示。

通过选择【滤镜】|【模糊】|【高斯模糊】命令，继续为图层 0 添加智能滤镜，设置模糊半径为 6 像素。此时的图像效果及【图层】面板如图 5.85 所示。

图 5.84　纹理化设置　　　　　　　图 5.85　图像效果及【图层】面板

5.3.2　编辑智能滤镜

1.　修改智能滤镜参数

在【图层】面板上双击高斯模糊智能滤镜右端的 按钮，打开【混合选项 (高斯模糊)】对话框。在【模式】下拉列表中选择"滤色"选项 (图 5.86)，单击【确定】按钮。

在【图层】面板上双击滤镜库智能滤镜，弹出 Photoshop 提示框，单击【确定】按钮后重新打开滤镜库对话框。在滤镜参数控制区的【纹理】下拉列表中选择"砂岩"选项 (图 5.87)，单击【确定】按钮。

智能滤镜修改后的图像效果如图 5.88 所示。

图 5.86　修改智能滤镜的混合模式　　　　　　图 5.87　修改智能滤镜参数

2.　排序智能滤镜

对图层添加多个智能滤镜后，在【图层】面板上对应图层的下面会显示智能滤镜的列表。Photoshop 将按照从下向上的顺序对图层应用滤镜。

与图层的排序修改操作类似，通过上下拖动智能滤镜可以对它们进行重新排序，这也会导致图像效果的改变。

3.　显示与隐藏智能滤镜

在【图层】面板上，通过单击智能滤镜左侧的眼睛图标 ，可以隐藏或显示单个智能滤镜效果。通过单击滤镜效果蒙版 (图 5.89) 左侧的眼睛图标 ，可以隐藏或显示该层的所有智能滤镜效果。

图 5.88　智能滤镜修改后的图像效果

图 5.89　智能滤镜的显示与隐藏

4. 删除智能滤镜

在【图层】面板上将智能滤镜拖动到删除图层按钮🗑上，可删除单个智能滤镜。拖动滤镜效果蒙版右侧的"智能滤镜"字样到删除图层按钮🗑上，可删除对应图层的所有智能滤镜。

5.4　案　　例

5.4.1　精确定位光晕中心

1. 案例说明

本例使用镜头光晕滤镜，在图像的指定位置添加光晕效果。本例同时也反映了智能滤镜的另一种用法。

2. 操作步骤

(1) 打开图像"第 5 章素材 \ 风景 5-01.jpg"。通过选择【图层】|【智能对象】|【转换为智能对象】命令，将背景层转换为智能对象"图层 0"。

【视频操作】

(2) 显示【信息】面板，从其面板菜单中选择【面板选项】命令 (图 5.90)，打开【信息面板选项】对话框。将鼠标坐标的标尺单位设为"像素"，如图 5.91 所示，单击【确定】按钮。

图 5.90　打开【信息】面板菜单

图 5.91　修改【信息面板选项】对话框

(3) 光标移到如图 5.92(a) 所示的素材图像右上角位置，从【信息】面板中读取此时的光标位置坐标为 (375，95)(用户读取的信息不一定与这个数值相同)，如图 5.92(b) 所示，记下该数值。

(a) 定位光标　　　　　　　　　　　(b) 找到光标位置坐标

图 5.92　读取图像上指针位置的坐标

(4) 选择【滤镜】|【渲染】|【镜头光晕】命令，打开【镜头光晕】对话框，参数设置如图 5.93 所示。按 Alt 键在滤镜效果预览区单击，弹出【精确光晕中心】对话框，输入步骤 (3) 记下的坐标值，如图 5.94 所示。单击【确定】按钮，返回【镜头光晕】对话框。

图 5.93　【镜头光晕】对话框　　　　　图 5.94　【精确光晕中心】对话框

(5) 在【镜头光晕】对话框中单击【确定】按钮。滤镜效果及当前【图层】面板如图 5.95 所示。

图 5.95　添加滤镜后的图像及【图层】面板

5.4.2　制作月光效果

1.　案例说明

本例使用径向模糊滤镜,配合图层的一些基本操作,制作月光四射的效果。

2.　操作步骤

(1) 打开图像"第 5 章素材＼月夜 .psd",如图 5.96 所示。

图 5.96　素材图像

(2) 同时选择"月亮"层与"背景"层,利用【图层】|【对齐】菜单下的【垂直居中】和【水平居中】命令将"月亮"对齐到图层中心,如图 5.97 所示。

图 5.97　将"月亮"对齐到图层中心

(3) 按 Ctrl+R 组合键 (或选择菜单命令【视图】|【标尺】) 显示标尺。选择"月亮"层,按 Ctrl+T 组合键显示自由变换控制框。

(4) 将光标定位在水平标尺上,按下鼠标左键向下拖移出一条水平参考线到月亮的中心位置。同样从竖直标尺上向右拖移一条竖直参考线到月亮的中心位置。以上述两条参考线的交点作为月亮的中心,如图 5.98 所示。

(5) 再次按 Ctrl+R 组合键隐藏标尺。

(6) 按 Enter 键确认变换或按 Esc 键取消变换。

图 5.98　定位图层中心点

(7) 将前景色设置为白色。利用直线工具 (工具模式为"形状"，粗细为 2 像素) 在月亮右侧的水平参考线上绘制一条直线段 (得到"形状 1"层)，如图 5.99 所示。

图 5.99　绘制水平直线段

(8) 确保选择了上述直线段 (线段两端会显示选中的锚点，如图 5.99 所示。如果未选择，可使用路径选择工具 在线段上单击将其选中)。选择线段的目的是确保后面复制出的线段副本与原线段位于同一图层。

(9) 按 Ctrl+Alt+T 组合键，在线段上显示"自由变换和复制"控制框。按住 Alt 键不放，将变换中心拖移到参考线的交点位置 (拖移时的光标形状为)，在选项栏上将旋转角度设置为 10°，如图 5.100 所示。

　　注意：此处因为线段对象比较狭窄，所以需按住 Alt 键拖移变换中心。否则，使用光标直接拖移即可。

(10) 按 Enter 键两次，确认旋转角度和变换复制。连续按 Ctrl+Alt+Shift+T 组合键，执行变换和复制操作多次 (本例 35 次)，得到如图 5.101 所示的效果。此时所有"直线段"位于同一图层 ("形状 1"层)。

图 5.100　旋转复制出第 2 条直线段

图 5.101　最终复制出 35 条直线段

(11) 选择【图层】|【栅格化】|【形状】命令将"形状 1"层栅格化。选择【视图】|【清除参考线】命令将参考线清除。

(12) 为"形状 1"层添加径向模糊滤镜，参数设置如图 5.102 所示 (注意模糊中心采用默认的中心，位于图层中心位置)。按 Ctrl+F 组合键重复使用滤镜，图像效果如图 5.103 所示。

图 5.102　【径向模糊】参数设置

图 5.103　径向模糊效果

(13) 复制"形状 1"层，得到"形状 1 拷贝"层。使用【编辑】|【自由变换】命令将拷贝层旋转一定角度，并将其不透明度设置为 40%，得到如图 5.104 所示的图像效果。

图 5.104　复制并旋转放射线

(14) 同时选中"月亮"层、"形状 1"层和"形状 1 拷贝"层，使用移动工具将图中月亮及其光芒移动到如图 5.105 所示的位置 (素材中月亮的本来位置)。

(15) 为"月亮"层添加"外发光"图层样式 (外发光颜色为白色，"大小"设置为 18，其他参数默认)，图像最终效果如图 5.106 所示。

图 5.105　调整月亮及光芒的位置　　　　图 5.106　添加外发光样式

5.4.3　制作爆炸效果文字

1. 案例说明

本例主要使用高斯模糊、曝光过度、极坐标、风和径向模糊等滤镜，以及文字工具，图层操作 (如图层对齐、更改图层混合模式和创建填充层等)，色阶和图像旋转等命令，编辑制作文字爆炸效果。

2. 操作步骤

【视频操作】

(1) 新建一个大小为 800 像素 ×500 像素、分辨率为 72 像素 / 英寸、RGB 颜色模式、白色背景的图像。

(2) 使用横排文字工具书写文本"莫让年华付水流"，设置字体为华文琥珀、84 点、黑色，如图 5.107 所示。

图 5.107　创建文字

(3) 将文字层与背景层同时选中，依次选择【图层】|【对齐】菜单下的【垂直居中】和【水平居中】命令，将文字对齐到图像窗口的中央，如图 5.108 所示。

(4) 在【图层】面板菜单中选择【合并图层】命令，将文字层合并到背景层。

(5) 添加【滤镜】|【模糊】|【高斯模糊】滤镜 (半径设为 2 像素)，使"文字"边缘模糊，以使最终的爆炸效果更逼真。

图 5.108　将文字层与背景层对齐

(6) 添加【滤镜】|【风格化】|【曝光过度】滤镜，如图 5.109 所示。

图 5.109　添加曝光过度滤镜

(7) 选择【图像】|【调整】|【色阶】命令，打开【色阶】对话框，参数设置如图 5.110 所示，单击【确定】按钮。此时的图像效果如图 5.111 所示（文字边缘更亮）。

图 5.110　设置【色阶】对话框参数

图 5.111　提高文字边缘的亮度

(8) 复制背景层，得到"背景 拷贝"层。以下对"背景 拷贝"层进行处理。

(9) 选择【滤镜】|【扭曲】|【极坐标】命令，在弹出的对话框中选择【极坐标到平面坐标】单选按钮，单击【确定】按钮，如图 5.112 所示。

(10) 选择【图像】|【图像旋转】|【90 度（顺时针）】命令。

图 5.112　添加极坐标滤镜后的图像

(11) 选择【滤镜】|【风格化】|【风】命令，弹出【风】对话框，参数设置如图 5.113 所示，单击【确定】按钮，图像效果如图 5.114 所示。

图 5.113　【风】对话框参数设置　　　　　图 5.114　【风】滤镜效果

(12) 按 Ctrl + F 组合键一次，再次添加风滤镜，以使最终的爆炸效果更强烈。

(13) 选择【图像】|【图像旋转】|【90 度（逆时针）】命令。

(14) 再次选择【滤镜】|【扭曲】|【极坐标】命令，在弹出的对话框中选择【平面坐标到极坐标】单选按钮，单击【确定】按钮，如图 5.115 所示。

(15) 选择【滤镜】|【模糊】|【径向模糊】命令，打开【径向模糊】对话框，参数设置如图 5.116 所示，单击【确定】按钮，图像效果如图 5.117 所示。

图 5.115　再次添加极坐标滤镜　　图 5.116　【径向模糊】对话框　　图 5.117　【径向模糊】滤镜效果

(16) 将"背景 拷贝"层的混合模式设置为"滤色",如图 5.118 所示。

图 5.118　更改图层混合模式

(17) 在【图层】面板上单击【创建新的填充或调整图层】按钮，从弹出菜单中选择【渐变】命令，打开【渐变填充】对话框，参数设置如图 5.119 所示 (采用的渐变为"紫，橙渐变 (Violet，Orange)")。单击【确定】按钮，生成"渐变填充 1"填充层。将该图层的混合模式设置为"叠加"，如图 5.120 所示。图像最终效果如图 5.121 所示。

图 5.119　【渐变填充】对话框

图 5.120　设置图层混合模式

图 5.121　图像最终效果

【参考图文】

提示

本例步骤可做下述调整而最终结果不变。

(1) 在步骤 (10) 中对图像进行逆时针 90°旋转。

(2) 步骤 (11) 中风滤镜的"风向"更改为"从左"。

(3) 在步骤 (13) 中对图像进行顺时针 90°旋转。

5.4.4 制作黑白画效果

1．案例说明

本例使用智能滤镜（高反差保留、USM 锐化）、调整层和中性色图层，配合图层的一些基本操作，将彩色照片处理成黑白画效果。

2．操作步骤

(1) 打开图像"第5章素材\建筑（桥）.jpg"，如图 5.122 所示。通过选择【滤镜】|【转换为智能滤镜】命令，将背景层转换为智能对象"图层 0"。

(2) 选择【滤镜】|【锐化】|【USM 锐化】命令，打开【USM 锐化】对话框，参数设置如图 5.123 所示，单击【确定】按钮。

图 5.122　素材图像　　　　　　　　　图 5.123　【USM 锐化】对话框

(3) 选择【滤镜】|【其他】|【高反差保留】命令，在弹出的对话框中设置半径为 5 像素，单击【确定】按钮，效果如图 5.124 所示。

图 5.124　通过添加智能滤镜强化图像轮廓线

(4) 在【图层】面板菜单中选择【新建图层】命令，打开【新建图层】对话框。参数设置如图 5.125 所示，单击【确定】按钮。这样就在"图层 0"的上面添加了一个中性色图层"图层 1"。

图 5.125　创建中性色图层

(5) 在 "图层 1" 上填充灰色 (颜色值为 #808080)，如图 5.126 所示。

图 5.126　在中性色图层上填充 50% 的灰色

(6) 在【图层】面板上单击【创建新的填充或调整图层】按钮，从弹出菜单中选择【阈值】命令。通过【属性】面板设置阈值色阶参数为 60，此时的图像效果与【图层】面板如图 5.127 所示。

图 5.127　添加调整层

(7) 画面上需要用黑色表现的部分 (如房顶、桥的台阶立面、对象边缘线条等处)，可以在中性色图层 ("图层 1") 的对应位置用铅笔、直线 (像素模式) 等工具添加黑色。画面上需要用白色表现的部分 (如天空背景、桥的台阶横面等处)，可以在中性色图层的对应位置添加白色。处理过程中，在画面的不同位置，应适当调整画笔大小或直线粗细。处理后的画面与【图层】面板如图 5.128 所示。

图 5.128　通过中性色图层修补画面

(8) 在调整层的上面新建"图层 2"。对于步骤 (7) 中在中性色图层上添加黑色或白色无效的局部区域，可以在"图层 2"上进行颜色覆盖。图像最终效果与【图层】面板如图 5.129 所示。

图 5.129　图像最终效果与【图层】面板

(9) 以"黑白画 .psd"为文件名保存图像源文件，以"黑白画 .gif"为文件名存储效果图像。

小　　结

本章主要讲述了以下内容：

(1) 滤镜概述。滤镜是 Photoshop 用来处理图像的一种特效工具。Photoshop 提供了一百多个内置滤镜。要经过大量实践，不断积累经验，才能把这么多滤镜使用好。

(2) 滤镜介绍。介绍了常用滤镜的使用方法，操作性较强。

(3) 本章案例。介绍了一些典型滤镜的实际应用，并对滤镜的使用作了必要的引申。"5.4.4 制作黑白画效果"有些复杂，为选做案例。

超出本章范围的知识点如下：

(1) 图层蒙版的实质及基本操作 (先做了解，详细内容可参考第 7 章)。

(2) 填充层的概念及创建方法 (先做了解，详细内容可参考第 7 章)。

习　　题

一、选择题

1. 按 ＿＿＿＿＿＿＿ 组合键，可以将上一次使用的滤镜快速应用到图像中，而无需再进行参数设置 (滤镜参数与上一次相同)。

  A．Ctrl + F   B．Alt + Ctrl + Z   C．Ctrl + Y   D．Ctrl + Z

2. 滤镜命令执行完毕后，使用【编辑】菜单下的【＿＿＿＿＿＿＿】命令，可以调整滤镜效果的作用程度及混合模式。

  A．撤销   B．重复   C．返回   D．渐隐

3. 在应用某些滤镜时需要占用大量的内存，特别是将这些滤镜应用到高分辨率的图像时。在这种情况下，为了提高计算机的性能，以下说法不正确的是 ＿＿＿＿＿＿＿。

  A．首先在一小部分图像上试验滤镜效果，记下参数设置，再将同样设置的滤镜应用到整个图像上

  B．可分别在每个图层上应用滤镜

  C．在运行滤镜之前可首先使用菜单【编辑】|【清理】中的命令释放内存

  D．应尽量退出其他应用程序，以便将更多的内存分配给 Photoshop 使用

4. 以下不属于【液化】滤镜对话框中的工具的是 ＿＿＿＿＿＿＿。

  A．冻结蒙版工具   B．向前变形工具

  C．边缘高光器工具   D．左推工具

5. 以下肯定不属于滤镜作用对象的是 ＿＿＿＿＿＿＿。

  A．图层   B．路径   C．蒙版   D．通道

6. 当图像是 ＿＿＿＿＿＿＿ 颜色模式时，所有滤镜都不能使用 (假设图像是 8 位 / 通道)。

  A．CMYK   B．灰度   C．Lab   D．索引

7. 在 Photoshop 中不能对 ＿＿＿＿＿＿＿ 直接添加滤镜。

  A．文字层   B．背景层   C．图层蒙版   D．通道

8. 再次应用上次使用的滤镜的组合键是 Ctrl+F；若需修改参数，应使用 ＿＿＿＿＿＿＿ 组合键，打开上次使用的滤镜的对话框。

  A．Ctrl + Alt + F   B．Ctrl + Shift + F   C．Alt + Shift + F   D．Ctrl+ Z

9. 所有的滤镜都能应用于 ＿＿＿＿＿＿＿ 模式的图像 (假设图像是 8 位 / 通道)。

  A．索引颜色   B．位图   C．RGB 颜色   D．CMYK 颜色

10. 在使用【纹理化】滤镜时，"载入纹理"选项所载入的必须是下列 ＿＿＿＿＿＿＿ 格式的图像文件中的纹理。

  A．PSD   B．JPEG   C．BMP   D．TIFF

11. 以下 ＿＿＿＿＿＿＿ 滤镜不属于"艺术效果"滤镜组。

  A．壁画   B．海绵   C．水彩画纸   D．水彩

二、填空题

1. 滤镜实际上是使图像中的 ＿＿＿＿＿＿＿ 产生位移或颜色值发生变化等，从而使图像

中出现各种各样的特殊效果。

2. 在包含矢量元素的图层 (如文本层、形状层等) 上使用滤镜前，应首先对该层进行 _____ 化。

3. 任何滤镜都不能应用于 _____ 和 _____ 颜色模式的图像。

4. 在 Photoshop 中，_____ 是一种特效工具，可使图像瞬间产生千变万化的特殊效果。

5. _____ 滤镜组可以通过增加相邻像素之间的对比度使图像变得更加清晰。

三、操作题

1. 使用"练习 \ 第 5 章 \ 童年 .jpg"素材图像 (图 5.130) 制作如图 5.131 所示的艺术镜框效果。

图 5.130　素材图像　　　　图 5.131　艺术镜框效果

操作提示：

(1) 打开素材图像，新建图层 1。

(2) 创建矩形选区。在图层 1 的选区内填充黑色。

(3) 反转选区，填充白色。

(4) 取消选区。将图层 1 的混合模式改为"滤色"。

(5) 对图层 1 使用玻璃滤镜 (纹理：小镜头)。

2. 利用"练习 \ 第 5 章 \"文件夹下的素材图像"天鹅 01.psd""天鹅 02.psd"和"山清水秀 .jpg"制作如图 5.132 所示的效果 (彩色效果参考"练习中的操作题参考答案 \ 第 5 章 \ 戏水 .jpg")。

【视频操作】

操作提示：

(1) 打开图像"天鹅 01.psd"。选择"天鹅"层，按 Ctrl+C 组合键复制图像。

(2) 打开图像"山清水秀 .jpg"。按 Ctrl+V 组合键将"天鹅"粘帖过来，得到图层 1。使用【自由变换】命令适当缩小"天鹅"，使用【色阶】命令适当增加"天鹅"的亮度 (输入色阶栏的灰色滑块向左移动)。

(3) 选择【编辑】|【变换】|【水平翻转】命令。

(4) 复制图层 1，得到图层 1 拷贝。选择【编辑】|【变换】|【垂直翻转】命令。使用移动工具向下移动垂直翻转后的"天鹅"。对图层 1 拷贝添加高斯模糊滤镜，并适当降低图层不透明度。这样得到图 5.132 中右侧天鹅的倒影效果。

(5) 对素材图像"天鹅 02.psd"进行类似处理，得到图 5.132 中左侧天鹅及倒影效果。

(6) 在图 5.132 中水面旋涡 (天鹅右侧上方) 处创建矩形选区，并适当羽化选区。

(7) 在背景层选区内添加水波滤镜。

图 5.132　天鹅戏水图

3．制作如图 5.133 所示的火焰字效果 (彩色效果参考 "练习中的操作题参考答案 \ 第 5 章 \ 火焰字 .jpg")。

【参考图文】

图 5.133　火焰字效果

操作提示：

(1) 新建图像 (大小 600 像素 ×400 像素、灰度模式、黑色背景)。

(2) 书写横向文字 "激情岁月" (隶书、白色、96 点)，对齐到图像窗口中央，拼合图像。

【视频操作】

(3) 图像顺时针旋转 90°。添加风 (风，从左) 滤镜 3 次。

(4) 添加波浪滤镜，参数设置如图 5.134 所示。

(5) 图像逆时针旋转 90°。将图像转换为索引颜色模式。

(6) 选择【图像】|【模式】|【颜色表】命令。在【颜色表】下拉列表框中选择 "黑体"。

(7) 将图像转换为 RGB 颜色模式。

(8) 将背景层转为一般层。新建图层 1，填充橙红色 (#ff6600)，放置到图层 0 的下面。

(9) 在图层 0 上添加图层蒙版。在蒙版上从下向上施加黑色到白色的线性渐变，如图 5.135 所示。

图 5.134　【波浪】对话框

图 5.135　编辑蒙版

(10) 将图层 0 的混合模式设置为"饱和度"。

第 6 章

路径的使用

教 学 要 求

- 熟练掌握路径创建与调整的基本方法，培养路径造型的能力。
- 掌握路径文字的创建方法。
- 掌握文字转换为路径、路径运算、对齐与分布路径、变换路径等高级操作。
- 了解路径、子路径、锚点（平滑锚点和角点）、方向点、方向线等概念。
- 了解路径的使用技巧。

教 学 难 点

- 子路径的概念。
- 路径的运算。

6.1　路 径 概 述

6.1.1　路径简介

路径工具是 Photoshop 最精确的选取工具之一，适合选择边界弯曲而平滑的对象，如人物的面部曲线、花瓣、心形等。同时，路径工具也常常用于创建边缘平滑的图形。

Photoshop 的路径工具包括钢笔工具组、路径选择工具和直接选择工具。其中，钢笔工具、自由钢笔工具可用于创建路径；其他工具（路径选择工具、直接选择工具和转换点工具等）用于路径的编辑与调整。另外，使用形状工具也可以创建路径。

路径是矢量对象，不仅具有矢量图形的优点，在造型方面还具有良好的可控性。Photoshop 是公认的位图编辑大师，但它在矢量造型方面的能力也几乎可以和 CorelDRAW、3ds Max 等重量级的矢量软件相媲美。

Photoshop 的 PSD、JPG、DCS、EPS、PDF 和 TIFF 等文件格式都支持路径。路径几乎不增加上述图像文件的大小。

6.1.2　路径基本概念

在 Photoshop 中，路径是由钢笔工具、自由钢笔工具或形状工具绘制的直线或曲线。连接路径上各线段的点叫作锚点。锚点分为两类：平滑锚点及角点（或称拐点、尖突点）。角点又分为含方向线的角点和不含方向线的角点两种类型。与其他相关软件（CorelDRAW、Illustrator、3ds Max 等）类似，Photoshop 也是通过调整方向线的长度与方向，改变路径曲线的形状，如图 6.1 所示。

图 6.1　路径组成

(1) 平滑锚点：平滑锚点简称平滑点，具有双侧方向线，而且两侧的方向线始终保持在同一方向上。通过平滑锚点的路径是光滑的，如图 6.2 所示。在改变平滑锚点单侧方向线的长度与方向时，另一侧方向线的角度会随着一起变化，而长度保持不变。因此，平滑锚点两侧的方向线的长度不一定相等。

(a)S 形曲线（又称双弧曲线）　　　　　(b)U 形曲线（又称单弧曲线）

图 6.2　通过平滑锚点的路径

(2) 不含方向线的角点：由于两侧都没有方向线，所以不能通过调整方向线改变通过该类锚点的路径的形状。如果与这类锚点相邻的锚点也是没有方向线的角点，则两者之间的连线为直线路径，如图 6.3 所示 (左边两个锚点不含方向线)；否则，为曲线路径。

(3) 含方向线的角点：此类角点两侧的方向线一般不在同一方向上，有时仅含单侧方向线。两侧方向线均可单独调整，互不影响。路径在该类锚点处形成尖突或拐角，如图 6.4 所示。

图 6.3　通过无方向线角点 (左边两锚点) 的路径　　　　图 6.4　通过有方向线角点的路径

提示

方向点是实心小点，分布在方向线的两侧，它比连接路径的锚点要小。方向线用于调整路径的形状，它本身不是路径。

6.2　路径基本操作

6.2.1　创建路径

创建路径的工具包括钢笔工具、自由钢笔工具和形状工具。

1. 使用钢笔工具✐创建路径

在工具箱上选择钢笔工具，在选项栏上选择【路径】按钮⬚，如图 6.5 所示。

图 6.5　钢笔工具的选项栏

1) 创建直线路径

在图像窗口中单击，生成第一个锚点，移动光标再次单击生成第二个锚点，同时前后两个锚点之间由直线路径连接起来。依此下去形成折线路径。

要结束路径，可按住 Ctrl 键在路径外单击，形成开放路径，如图 6.6 所示。要创建闭合路径，只要将光标定位在第一个锚点上 (此时指针旁出现一个小圆圈) 单击，如图 6.7 所示。

在创建直线路径时，按住 Shift 键可沿水平、竖直或 45°角倍数的方向绘制直线路径。

构成直线路径的锚点不含方向线，又称直线角点。

图 6.6　折线开放路径　　　　　　　图 6.7　折线闭合路径

2) 创建曲线路径

在确定路径的锚点时，若按住鼠标左键拖动光标，则前后两个锚点由曲线路径连接起来。若前后两个锚点的拖动方向相同，则形成 S 形曲线路径，如图6.8所示。若拖动方向相反，则形成 U 形路径，如图 6.9 所示。

结束创建曲线路径的方法与直线路径相同。

图 6.8　S形曲线路径　　　　　　　　图 6.9　U 形曲线路径

钢笔工具选项栏的常用参数如下。

【选择工具模式】下拉列表 [路径 ‡]：包括"路径""形状"和"像素"3 种模式，分别用于创建路径、形状图层和位图像素。其中"像素"模式对钢笔工具和自由钢笔工具无效。

【建立】选项：包括【选区】、【蒙版】和【形状】3 个按钮，作用是基于当前路径创建选区、矢量蒙版和形状图层。

【路径操作】下拉列表 ⬛：用于路径的运算，如图 6.10 所示 (其中"新建图层"选项仅对工具的"形状"模式有效，对工具的"路径"模式是无效的)。

【橡皮带】复选框：单击选项栏上的 ⚙ 按钮，在弹出的面板 (参见图6.5) 中选择【橡皮带】复选框。这样，在使用钢笔工具创建路径时，在最后生成的锚点和光标所在位置之间会出现一条预览线，用以协助确定下一个锚点。

【自动添加 / 删除】复选框：选择该复选框，在路径上的锚点显示的情况下，将钢笔工具移到路径上 (此时钢笔工具临时转换为增加锚点工具 ⬩)，单击可在路径上增加一个锚点；将钢笔工具移到路径的锚点上 (此时钢笔工具临时转换为删除锚点工具 ⬩)，单击可删除该锚点，如图 6.11 所示。

图 6.10　路径的运算　　　　　图 6.11　自动添加和删除锚点

2.　使用自由钢笔工具 ⬩ 创建路径

使用自由钢笔工具可以用来以手绘的方式创建路径，操作比较随意。Photoshop 将根据所绘路径的形状在路径的适当位置自动添加锚点。

在工具箱上选择自由钢笔工具，将工具模式设置为"路径"。在图像窗口中按住鼠标左键拖动光标，路径尾随着指针自动生成。释放鼠标左键可结束路径的绘制。若要继续在现有路径上绘制路径，可将光标指针定位在路径的端点上并拖动光标。

要创建封闭的路径，只要拖动光标回到路径的初始点 (此时指针旁出现一个小圆圈) 松开鼠标左键。

例如，使用钢笔工具 (配合 Shift 键) 创建一条直线路径，如图 6.12 所示。

图 6.12　创建直线路径

选择自由钢笔工具，光标定位在直线路径的左端点上 (图 6.13)，按住鼠标左键开始绘制自由路径，如图 6.14 所示。

图 6.13　光标定位在现有路径的端点上

图 6.14　在现有路径上继续绘制路径

最后拖动光标指针到路径的右端点上，光标旁出现一个连接标志 ，松开鼠标左键，封闭路径创建完毕，如图 6.15 所示。

图 6.15　使路径闭合

将前景色设为黑色，在【路径】面板上单击【用前景色填充路径】按钮 ，对路径填色，结果如图 6.16 所示。

图 6.16　填充路径

3.　使用形状工具创建路径

使用形状工具的"路径"模式可创建路径 (注意利用自定形状工具的丰富的预设资源)。

6.2.2　显示与隐藏锚点

当路径上的锚点被隐藏时，使用直接选择工具在路径上单击，可显示路径上所有锚点，如图 6.17(a) 所示。反之，使用直接选择工具在显示锚点的路径外单击，可隐藏路径上所有锚点，如图 6.17(b) 所示。

(a) 显示锚点的路径　　　　　　　　　(b) 隐藏锚点的路径

图 6.17　锚点的显示与隐藏

6.2.3　转换锚点

使用转换点工具 ▷ 可以转换锚点的类型，具体操作如下。

1. 将直线角点转化为平滑锚点和含方向线的角点

选择转换点工具，将光标定位于要转换的直线角点上，按住鼠标左键拖动出方向线。此时直线锚点转化为平滑锚点。继续拖动平滑锚点的方向点，可将平滑锚点转化为有方向线的角点，如图 6.18 所示。此时，通过拖动方向点改变单侧方向线的长度与方向，可进一步调整锚点单侧路径的形状。

图 6.18　将直线角点转化为平滑锚点和含方向线的角点

2. 将平滑锚点或含方向线的角点转化为直线角点

对于平滑锚点或含方向线的角点，使用转换点工具在锚点上单击，此时方向线消失，锚点转化为直线角点，如图 6.19 和图 6.20 所示。

图 6.19　将平滑锚点转化为直线角点

图 6.20　将含方向线的角点转化为直线角点

在调整路径时，使用直接选择工具 ▷ 拖动锚点或方向点，不会改变锚点的类型。

6.2.4　选择与移动锚点

使用直接选择工具 ▷ 既可以选择锚点，又可以改变锚点的位置，方法如下（假设路径上的锚点已显示）。

(1) 使用直接选择工具在锚点上单击，可选中该锚点 (空心方块变成实心方块)。选中的锚点若含有方向线，方向线会显示出来，如图 6.21(a) 所示。

(2) 使用直接选择工具拖动锚点可改变单个锚点的位置，如图 6.21(b) 所示。

(a) 选择锚点　　　　　　　　　　　　　　　　　(b) 移动锚点

图 6.21　选择和移动单个锚点

(3) 使用直接选择工具选中单个锚点后，按住 Shift 键在其他锚点上单击，可继续加选锚点。也可以通过框选的方式选择多个锚点。

(4) 使用直接选择工具选中多个锚点后，拖动其中的一个锚点，可同时改变选中的所有锚点的位置。当然，通过这种方式也可以移动与所选锚点相关的部分路径。

6.2.5　添加与删除锚点

添加与删除锚点的常用方法如下。

(1) 选择钢笔工具，在选项栏上选择【自动添加 / 删除】复选框。

(2) 将光标移到路径上要添加锚点的位置 (光标变成 形状)，单击可添加锚点。当然，也可以直接使用添加锚点工具 在路径上单击添加锚点。添加锚点并不会改变路径的形状。

(3) 将光标移到要删除的锚点 (不包括路径上的端点锚点) 上，光标变成 形状，单击可删除锚点。当然，也可以直接使用删除锚点工具 删除锚点。删除锚点后，路径的形状将重新调整，以适合其余的锚点，如图 6.22 所示。

图 6.22　删除锚点

6.2.6　选择与移动路径

选择与移动路径的常用方法如下。

(1) 选择路径选择工具 。

(2) 在路径上单击可选择路径，拖动路径可改变路径的位置。

(3) 若路径由多个子路径 (又称路径组件) 组成，在路径上单击可选中对应的子路径。按住 Shift 键在其他子路径上单击，可加选其他子路径。也可以通过框选的方式选择多个子路径，如图 6.23 所示。

(4) 选中多个子路径后，拖动其中一个子路径，可同时改变选中的所有子路径的位置。

图 6.23　框选多个子路径

(5) 在 Photoshop CC 中，配合 Shift 键或 Ctrl 键，在【路径】面板上可同时选择多个路径记录 (CC 之前的版本中不能同时选择多个路径记录)。此时在图像窗口中，使用路径选择工具就可以像处理子路径那样，选择和移动单个或多个路径 (图 6.24)。

图 6.24　选择多个路径

6.2.7　存储工作路径

如果事先没有在【路径】面板上选择路径记录，使用钢笔工具等创建的路径，以临时工作路径的形式存放于【路径】面板，如图 6.25 所示。在未选择任何路径记录的情况下，再次创建工作路径，新的工作路径将取代原有的工作路径。有时为了防止重要信息丢失，必须将工作路径存储起来，常用方法有以下两种。

(1) 在【路径】面板上将工作路径拖动到【创建新路径】按钮上，松开鼠标按键。

(2) 在【路径】面板上双击工作路径 (或在【路径】面板菜单中选择【存储路径】命令)，弹出【存储路径】对话框，如图 6.26 所示，输入路径名称 (或采用默认名称)，单击【确定】按钮。

图 6.25　【路径】面板

图 6.26　【存储路径】对话框

6.2.8　删除路径

要想删除路径，可在图像窗口中选择路径后，按 Delete 键；或在路径的右键菜单中选择【删除路径】命令；也可以在【路径】面板上，将要删除的路径记录直接拖动到【删除当前路径】按钮 🗑 上。

6.2.9　显示与隐藏路径

在【路径】面板底部的灰色空白区域单击，可取消路径记录的选择。这样图像窗口中就隐藏了对应的路径，如图 6.27 所示。在【路径】面板上单击选择要显示的路径的记录，可以在图像窗口中显示该路径，如图 6.28 所示。

灰色空白区域

图 6.27　隐藏路径

图 6.28　显示路径

6.2.10　重命名已存储的路径

在【路径】面板上双击已存储的路径的记录，进入名称编辑状态。在名称编辑框内输入新的名称，按 Enter 键或在名称编辑框外单击即可完成已存储路径的重命名。

6.2.11　复制路径

1. 在图像内部复制路径

复制路径包括复制子路径和复制全路径两种情况。其中复制子路径的操作是在图像中进行的，方法如下。

(1) 选择路径选择工具 ▶。

(2) 按住 Alt 键，利用光标在图像中拖动要复制的路径 (或子路径)，如图 6.29 所示。

复制全路径的操作是在【路径】面板上进行的，方法如下。

在【路径】面板上，将要复制的路径拖动到面板底部的【创建新路径】按钮 🖿 上，松开鼠标按键，即可复制出原路径的一个副本，如图 6.30 所示。

图 6.29　子路径的复制

图 6.30　复制整个路径

2. 在不同图像间复制路径

在不同图像间复制路径的常用方法如下。

(1) 使用路径选择工具▸将要复制的路径从一个图像窗口拖动到另一个图像窗口。

(2) 将要复制的路径从当前图像的【路径】面板直接拖动到另一个图像窗口。

(3) 在当前图像窗口中选择要复制的路径或子路径，选择【编辑】|【拷贝】命令，切换到目标图像，选择【编辑】|【粘贴】命令。

重要提示

掌握路径工具的以下快速切换技巧，可以显著提高路径编辑的效率。

(1) 在使用钢笔工具⌀时，按住 Ctrl 键不放，可切换到直接选择工具▸；按住 Alt 键不放，将光标移动到锚点上，可切换到转换点工具⌐。

(2) 在使用路径选择工具▸时，按住 Ctrl 键不放，可切换到直接选择工具▸。

(3) 在使用直接选择工具▸时，按住 Ctrl 键不放，可切换到路径选择工具▸。

(4) 在使用直接选择工具▸或路径选择工具▸时，将光标移动到锚点上，按住 Ctrl+Alt 组合键不放，可切换到转换点工具⌐。

(5) 在使用转换点工具⌐时，将光标移到锚点上，按住 Ctrl 键不放，可切换到直接选择工具▸。

(6) 在使用转换点工具⌐时，按住 Alt 键不放，在含有双侧方向线的锚点上单击，可去除锚点在路径正方向一侧的方向线。按住 Alt 键不放，继续在锚点上拖动，可将去除的方向线重新拖移出来。

(7) 在使用转换点工具⌐时，按住 Alt 键不放，在不含方向线的角点上拖动，可将锚点在路径正方向一侧的方向线拖移出来。

6.2.12 描边路径

可以使用 Photoshop 基本工具的当前设置，沿任意路径创建绘画描边的效果，具体操作方法如下。

(1) 选择路径。在【路径】面板上选择要描边的路径的记录，或使用路径选择工具▸在图像窗口中选择要描边的子路径。

(2) 选择并设置描边工具。在工具箱上选择用于描边的工具，并对工具的颜色、模式、不透明度、画笔大小、画笔间距等属性进行必要的设置。

(3) 描边路径。在【路径】面板上单击【用画笔描边路径】按钮○，可使用当前工具对路径或子路径进行描边。也可以从【路径】面板菜单中选择【描边路径】或【描边子路径】命令，弹出相应的对话框 (图 6.31)，在对话框的【工具】下拉列表中选择描边工具 (默认为当前工具)，单击【确定】按钮。

上述操作中，步骤 (1) 和步骤 (2) 可以颠倒。

图 6.31 【描边路径】对话框

描边路径的目标图层是当前图层，操作前应注意选择合适的图层。

6.2.13　填充路径

可以将指定的颜色、图案等内容填充到指定的路径区域，具体操作方法如下。

(1) 选择路径。在【路径】面板上选择要填充的路径的记录，或使用路径选择工具 在图像窗口中选择要填充的子路径。

(2) 在【路径】面板上单击【用前景色填充路径】按钮 ，可使用当前前景色填充所选路径或子路径。也可以从【路径】面板菜单中选择【填充路径】命令或【填充子路径】命令，为路径填充单色、图案或历史记录。

填充路径是在当前图层上进行的，操作前应注意选择合适的图层。

6.2.14　路径和选区的相互转化

1. 路径转化为选区

在 Photoshop 中，创建路径的目的通常是要获得同样形状的选区，以便精确地选择对象。路径转化为选区的常用方法如下。

(1) 在【路径】面板上选择要转化为选区的路径的记录，或使用路径选择工具 在图像窗口中选择特定的子路径。

(2) 单击【路径】面板底部的【将路径作为选区载入】按钮 (载入的选区将取代图像中的原有选区)。也可以从【路径】面板菜单中选择【建立选区】命令，弹出如图 6.32 所示的对话框，根据需要设置好参数，单击【确定】按钮。

① 【羽化半径】：指定选区的羽化值。

② 【消除锯齿】：在选区边缘生成平滑的过渡效果。

③ 【操作】：指定由路径转化的选区和图像中原有选区的运算关系。

路径转化为选区后，有时图像中会出现选区和路径同时显示的状态，这往往会影响选区的正常编辑。此时，应注意将路径隐藏起来。

2. 选区转化为路径

通过任何方式获得的选区都可以转化为路径。但是，边界平滑的选区往往不能按原来的形状转化为路径。如图 6.33 所示的圆形选区转化为路径时出现了偏差。

图 6.32　【建立选区】对话框

图 6.33　由圆形选区转化的路径

选区转化为路径的常用方法有以下两种 (假设选区已存在)。

(1) 在【路径】面板上单击【从选区生成工作路径】按钮 。

(2) 在【路径】面板菜单中选择【建立工作路径】命令，在弹出的对话框中输入容差值，单击【确定】按钮。

提示

容差用于设置【建立工作路径】命令对选区形状微小变化的敏感程度，取值范围为 0.5 ~ 10 像素，取值越高，转化后的路径上锚点越少，路径也越平滑。另外，不论采用哪一种方法，选区转化为工作路径时都无法保留原有选区上的羽化效果。

6.3 路径高级操作

6.3.1 文字沿路径排列

文字沿路径排列是 Photoshop 从 CS 8.0 之后新增的一项强大的功能。路径文字可以产生一种优雅而活泼的视觉效果，常见于以儿童或女性消费为题材的广告作品中。沿路径创建文字的具体操作如下。

(1) 根据需要创建路径。

(2) 选择文字工具，光标定位在路径上，当显示 I 指示符时单击，此时路径上出现插入点。输入文字内容，如图 6.34 所示。

(3) 选择路径选择工具或直接选择工具，将光标置于路径文字上，当出现指示符时单击并沿路径拖动文字，可改变文字在路径上的位置。若拖动时跨过路径，文字将翻转到路径的另一侧，如图 6.35 所示。

| 图 6.34　创建路径文字 | 图 6.35　文字翻转到路径对侧 |

(4) 当选择路径文字所在图层时，在【路径】面板上将显示对应的文字路径。使用路径选择工具改变该路径的位置，或使用直接选择工具等调整路径的形状，文字也随着一起变化，如图 6.36 所示。

图 6.36　路径文字随路径的变化而变化

路径文字的内容和格式的编辑与普通文字完全相同。

打开图像"第6章素材\雨季6-01.jpg"，使用钢笔工具等创建如图6.37所示的4条路径。使用横排文字工具在每条子路径上创建文字，结果如图6.38所示。

【参考图文】

图 6.37　创建路径　　　　　　　　图 6.38　路径文字效果

对于闭合路径，文字除了能够沿路径曲线排列外，还可以创建在路径区域内，具体操作如下。

(1) 创建封闭的路径。

(2) 选择文字工具，在封闭路径内单击，确定插入点，输入文字内容，如图6.39(a) 所示。完成后的效果如图 6.39(b) 所示。

【参考图文】

(a) 输入文字　　　　　　　　(b) 文字输入完成后的效果

图 6.39　在路径内排列文字

6.3.2　文字转换为路径

Photoshop 的文字转路径功能，为艺术工作者使用计算机进行字体设计带来了很大的方便，具体操作如下。

(1) 使用横排文字工具或直排文字工具创建文字。

(2) 选择文字图层，选择【类型】|【创建工作路径】命令，Photoshop 便基于当前文字的轮廓创建了工作路径，如图 6.40 所示。

(3) 使用钢笔工具、直接选择工具和转换点工具等对文字路径进行调整，如图 6.41 所示。

图 6.40　将文字转为路径　　　　　　　　　图 6.41　调整文字路径

图 6.42 所示是常见的字体设计效果，可使用路径文字实现。

图 6.42　常见的字体设计

6.3.3　路径运算

　　Photoshop 升级到 CC 版本，路径运算仍旧限于子路径之间的运算。虽然通过【路径】面板可以同时选择多个路径记录，但这些不同路径之间还是不能直接进行运算。

　　路径的运算方式包括以下 4 种，均位于路径工具选项栏的【路径操作】下拉列表中。

　　(1) ▣合并形状：将选中的多个子路径进行并集运算。

　　(2) ▣减去顶层形状：将选中的多个子路径进行差集运算。

　　(3) ▣与形状区域相交：将选中的多个子路径进行交集运算。

　　(4) ▣排除重叠形状：从子路径的并集中排除交集部分。

　　有关路径运算的具体操作方法，举例如下。

　　(1) 使用形状工具创建如图 6.43 所示的路径(包含"人物"和"圆"两个子路径)。

　　(2) 在图像窗口使用路径选择工具▶选择"圆"子路径，在【路径操作】下拉列表中选择"▣合并形状"选项。

图 6.43　创建路径

　　(3) 使用路径选择工具▶选择"人物"子路径，从【路径操作】下拉列表中分别选择不同的运算方式，可得到相应的运算结果，如图 6.44 所示。

(a) 合并形状　　(b) 减去顶层形状　　(c) 与形状区域相交　　(d) 排除重叠形状

图 6.44　设置不同的运算方式

(4) 使用路径选择工具▶在图像窗口中框选两个子路径，从选项栏上的【路径操作】下拉列表中选择"▣合并形状组件"选项。结果上述两个子路径合并成一个子路径。

打开图像"第 6 章素材 \ 紫砂壶 6-01.jpg"，下面使用路径的运算选择图像中紫砂壶。

(1) 使用钢笔工具创建紫砂壶的外轮廓路径，并在选项栏上的【路径操作】下拉列表中选择"▣合并形状"选项，如图 6.45 所示。

图 6.45　创建外围子路径

(2) 使用钢笔工具沿把手的空隙边缘创建封闭路径，并从【路径操作】下拉列表中选择"▣减去顶层形状"选项。

(3) 使用钢笔工具沿壶盖的空隙边缘创建封闭路径，并从【路径操作】下拉列表中选择"▣减去顶层形状"选项，如图 6.46 所示。

(4) 选择路径选择工具▶，在图像窗口中框选 (或按 Shift 键加选) 所有三个子路径。从【路径操作】下拉列表中选择"▣合并形状组件"选项。此时三个子路径已经按指定的算法合并成一个子路径。

图 6.46　创建内部子路径

(5) 将运算结果子路径转化为选区即可。

6.3.4　子路径的对齐与分布

子路径的对齐与分布和图层的对齐与分布类似，操作步骤如下。

(1) 选择路径选择工具▶，选择要参与对齐或分布操作的子路径。

(2) 在选项栏上的【路径对齐方式】下拉列表▣中选择相应的对齐或分布选项。

6.3.5　变换路径

路径的变换与图层或选区的变换类似，操作方法如下。

(1) 选择路径选择工具，选择要进行变换的路径或子路径。

(2) 选择【编辑】|【自由变换路径】命令或【编辑】|【变换路径】菜单下的命令对选中的路径进行变换 (注意选项栏参数)。

6.4 案 例

6.4.1 路径描边制作邮票

1. 案例说明

2.2.7 节的"案例一"已经介绍了邮票的制作方法。这里再介绍一种使用路径描边制作邮票的方法。读者可以比较两种方法的优劣。

【视频操作】

2. 操作步骤

(1) 打开图像"第 6 章素材 \ 邮票素材 .psd"，如图 6.47 所示。

图 6.47 打开素材图像

(2) 在图层 1 的上方新建图层 2。按住 Ctrl 键单击图层 0 的缩览图，载入选区，如图 6.48 所示。

图 6.48 新建图层并载入选区

(3) 通过选择【选择】|【变换选区】命令，配合 Alt 键，分别在水平和竖直方向对称扩展选区。然后在图层 2 的选区内填充白色，如图 6.49 所示。

图 6.49 变换选区并填色

(4) 在【路径】面板上单击【从选区生成工作路径】按钮，将选区转换为工作路径，如图 6.50 所示。

图 6.50　将选区转换为路径

(5) 选择橡皮擦工具。设置画笔大小为 6 像素、硬度为 100%，间距为 132%。

(6) 在【图层】面板上确保选择图层 2。在【路径】面板上单击【用画笔描边路径】按钮。

(7) 隐藏工作路径。对图层 2 添加投影样式，适当调整参数，如图 6.51 所示。

图 6.51　添加图层样式

(8) 在邮票上书写"中国人民邮政"和"8 分"的字样。最终效果如图 6.52 所示。

图 6.52　邮票效果

6.4.2　移花接木

1．案例说明

本例主要练习使用钢笔工具、直接选择工具、转换点工具和【路径】面板等进行抠图。路径适合精确选取边缘平滑而清晰的图像。

2. 操作步骤

(1) 打开图像"第 6 章素材 \ 白兰花 6-01.jpg"，如图 6.53 所示。

(2) 使用钢笔工具沿花朵的边界创建一个封闭的多边形路径，如图 6.54 所示。

【视频操作】

图 6.53　素材图像——白兰花　　　　图 6.54　确定关键锚点

 提示

上述封闭路径中每两个锚点之间的对象边缘线条应是一条直线段、U 形曲线 (即单弧曲线) 或者 S 形曲线 (即双弧曲线)。若两个锚点间的边缘线条是比 S 形曲线更复杂的多弧曲线，或者是由直线段与曲线段连接而成的复合线条，则不能通过调整两端的锚点使路径与该段对象边缘准确地吻合。确立的锚点是否适当，是能否准确选择对象的关键所在。另外，并不是锚点越多越好。锚点过多，不但增加了路径调整的难度，而且也很难准确选择对象。

(3) 通过放大图像局部，观察每一个锚点是否在花朵边缘上，位置是否合适。若不合适，通过直接选择工具调整其位置，如图 6.55 所示。

图 6.55　调整锚点位置

(4) 放大图像观察时，如果发现两个锚点之间的对象边缘线条实际上比预想的要复杂 (复杂程度超过 S 形曲线)，可在此处的路径上添加新的锚点，并使用直接选择工具将其移动到对象边缘的适当位置，如图 6.56 所示。当然，对于路径上多余的锚点要进行删除。

图 6.56　增加锚点

(5) 使用转换点工具依次将所有直线锚点转化为平滑锚点 (即首先把各个锚点的方向线拖出来)。接着使用该工具或直接选择工具，通过改变各锚点方向线的长度与方向使各段路径与对象边缘吻合，如图 6.57 所示。

提示

若通过锚点的对象边缘是平滑的，则调整该锚点的方向线时最好使用直接选择工具，这样不会改变锚点的性质。若使用转换点工具进行调整，应尽量使该锚点两侧的方向线保持在同一方向上，而不宜偏离太远。

(6) 确认【路径】面板上已选择了刚才调整的路径。单击面板底部的【将路径作为选区载入】按钮，将路径转化为选区，并按 Ctrl + C 组合键复制选区内的图像。

(7) 打开图像"第 6 章素材 \ 树枝 6-01.jpg"(图 6.58)，按 Ctrl+V 组合键将刚才复制的图像粘贴过来。适当缩小、旋转"花朵"，并调整它的位置，结果如图 6.59 所示。

图 6.57　调整路径　　　　　　　　图 6.58　素材图像——树枝

(8) 再粘贴一个"花朵"，缩小、旋转并移动它的位置。使用橡皮擦工具 (或其他方式)，对"花朵"底部与背景图像的接口处做适当处理，最终效果如图 6.60 所示。

图 6.59　将"花朵"粘贴到目标图像　　　图 6.60　图像最终效果

提示

对"花朵"底部与背景图像的接口处进行处理时，最好的方法就是使用图层蒙版 (可查阅第 7 章相关内容)。

6.4.3　制作翻页卡片

1. 案例说明

本例主要使用 Photoshop 的矩形工具、直接选择工具、转换点工具和路径基本操作、图层基本操作等制作一个精美的翻页卡片效果。

2. 操作步骤

(1) 新建一个大小为 640 像素 ×480 像素、分辨率为 72 像素 / 英寸、RGB 颜色模式、黑色背景的图像。

(2) 在形状工具组中选择矩形工具，在选项栏上将工具模式设置为"形状"，填充色设置为 #63818e，其他选项采用默认值，如图 6.61 所示。

#63818e

图 6.61　设置选项栏参数

(3) 在图像窗口中创建矩形，并使用路径选择工具选择该矩形，通过【属性】面板设置其大小和位置，如图 6.62 所示。

图 6.62　创建形状

(4) 在【图层】面板上将"矩形 1"层更名为"左封面"。

(5) 在【图层】面板上复制"左封面"层，得到"左封面 拷贝"层，将其改名为"右封面"。

(6) 使用路径选择工具选择"右封面"层中的矩形，利用【属性】面板将其 X 坐标值设置为 320 像素 (即向右移动 290 像素)，颜色设置为 #7092a1(提高了亮度)，如图 6.63 所示。

(7) 在【图层】面板上再次复制"左封面"层，将所得副本层改名为"白色页面 1"，放置在"右封面"层的上面。双击"白色页面 1"层的缩览图，通过【拾色器】对话框将矩形的颜色设置为白色。

(8) 将"白色页面 1"层的不透明度设置为 70%。

(9) 通过【属性】面板设置"白色页面 1"层中矩形的大小和位置：宽 286 像素，高 373 像素；X34 像素，Y94 像素，如图 6.64 所示。

图 6.63　复制形状层并修改其属性

图 6.64　创建"白色页面 1"层

(10) 复制"白色页面 1"层，将所得副本层改名为"白色页面 2"，设置其不透明度为90%。将该层中的矩形水平向右移动到图 6.65 所示的位置。

图 6.65　创建"白色页面 2"层

(11) 再次复制"白色页面 1"层，将所得副本层改名为"白色页面 3"，设置其不透明度为 40%。

(12) 使用直接选择工具在图像窗口中单击"白色页面 3"层的矢量边框，显示锚点。使用转换点工具分别拖动左下角和右上角的锚点，将方向线拖动出来 (若弹出提示框，单击【是】按钮进行确认)，如图 6.66 所示。

(13) 按住 Alt 键，使用转换点工具分别单击上述两个锚点以删除单侧方向线。

(14) (配合 Shift 键) 使用直接选择工具同时选中左下角和右上角的两个锚点，以显示方向线。拖动方向点，通过改变方向线的长度和方向，将路径调整为翻页的形状，如图 6.67 所示。

图 6.66　将角点转换为平滑点

图 6.67　去除单侧方向线

(15) 使用直接选择工具按图 6.68 所示适当调整左侧两个锚点的位置 (同时选中，一起移动)，继续调整左下角和右上角两个锚点的方向线，使翻页效果更逼真。

图 6.68 "白色页面 3"最终形状

(16) 打开图像"第 6 章素材 \ 国画梅花 6-01.jpg"，按 Ctrl+A 组合键全选图像，按 Ctrl+C 组合键复制图像。切换到"翻页卡片"图像，选择"白色页面 2"层，按 Ctrl+V 组合键粘贴图像 (得到图层 1)。

(17) 按 Ctrl+T 组合键，适当缩小素材图像的大小，并摆放在如图 6.69 所示的位置，按 Enter 键确认变换。

图 6.69 添加梅花素材

(18) 将"梅花"所在图层的混合模式设置为"正片叠底"，将不透明度设置为 80%，如图 6.70 所示。

图 6.70 "卡片"最终效果

小　　结

本章主要讲述了以下内容：

(1) 路径基本概念。路径是由钢笔工具、自由钢笔工具或形状工具创建的直线段或曲线段。路径是矢量图形，它不依附于任何图层。

(2) 路径基本操作。基本操作包括创建路径、显示与隐藏锚点、转换锚点、选择与移动锚点、添加与删除锚点、选择与移动路径、存储路径、删除路径、显示与隐藏路径、重命名已存储的路径、复制路径、描边路径、填充路径、路径与选区的相互转化等。

(3) 路径高级操作。高级操作包括文字沿路径排列、文字转换为路径、路径运算、子路径的对齐与分布和变换路径等操作。

习　　题

一、选择题

1. 在 Photoshop 中，可以对 _____ 个或 _____ 个以上的子路径进行对齐操作。
   A. 1、1　　　　　B. 2、2　　　　　C. 3、3　　　　　D. 4、4
2. 在 Photoshop 中，可以对 _____ 个或 _____ 个以上的子路径进行分布操作。
   A. 1、1　　　　　B. 2、2　　　　　C. 3、3　　　　　D. 4、4
3. 以下 _____ 项不是直接选择工具的功能。
   A. 显示和隐藏锚点　　　　　　　B. 选择和移动锚点
   C. 调整方向线　　　　　　　　　D. 转换锚点的类型
4. 下列有关路径工具使用技巧的说法中不正确的是 _____ 。
   A. 在使用钢笔工具时，按住 Ctrl 键不放，可切换到转换点工具
   B. 在使用直接选择工具时，按住 Ctrl+Alt 组合键不放，将光标移到锚点上，可切换到转换点工具
   C. 在使用路径选择工具时，按住 Ctrl 键可切换到直接选择工具
   D. 在使用转换点工具时，将光标移到路径上，可切换到直接选择工具；当光标在锚点上时，按住 Ctrl 键可切换到直接选择工具
5. 下面关于路径的描述不正确的是 _____ 。
   A. 工作路径如果不存储的话容易丢失　B. 形状与路径不同，不属于矢量图
   C. 路径被保存在【路径】面板中　　　D. 路径本身不会出现在打印的图像中
6. 下面关于路径的描述正确的是 _____ 。
   A. 可将当前选区转换为路径　　　　B. 利用铅笔工具可创建曲线路径
   C. 不能对路径填充颜色　　　　　　D. 删除路径后方可建立选区
7. 下面关于平滑锚点的描述正确的是 _____ 。
   A. 平滑锚点的方向线在路径的同一侧
   B. 平滑锚点的方向线长度不一定相等

C．平滑锚点的方向线长度一定相等

D．路径的起点与终点处的锚点一定不是平滑锚点

8．以下不能创建路径的工具是 ＿＿＿＿＿＿＿＿ 。

A．钢笔工具   B．自由钢笔工具   C．矩形工具   D．直接选择工具

9．要想使用直接选择工具在路径上单击 1 次就选中整条路径 (或子路径)，可以在操作时按下 ＿＿＿＿＿＿＿＿ 键。

A．Alt   B．Ctrl   C．Shift   D．Enter

10．执行以下的 ＿＿＿＿＿＿ 操作可以在图像窗口中隐藏路径。

A．在【路径】面板上单击当前路径左侧的眼睛图标

B．按 Ctrl 键在【路径】面板上单击当前路径

C．按 Alt 键在【路径】面板上单击当前路径

D．单击【路径】面板上的空白区域

二、填空题

1．在 Photoshop 中，由钢笔工具和自由钢笔工具等创建的一个或多个直线段或曲线段称为 ＿＿＿＿＿＿＿＿＿ ，它是 ＿＿＿＿＿＿＿＿＿＿ (填 "位图" 或 "矢量图")。

2．连接路径上各线段的点叫作 ＿＿＿＿＿＿＿＿＿ 。它分为两类：＿＿＿＿＿＿＿＿＿ 和 ＿＿＿＿＿＿＿＿＿ (或称拐点、尖突点)。

3．在使用钢笔工具绘制路径时，要结束开放路径，可按住 ＿＿＿＿＿＿＿＿＿＿ 键在路径外单击。要创建封闭的路径，只要将钢笔工具定位在第一个锚点上单击即可。

4．要使用钢笔工具在已绘制的路径上添加或删除锚点，可以选择其选项栏上的【＿＿＿＿＿＿＿＿＿】选项。

5．在使用转换点工具时，将光标移到有双侧方向线的锚点上，按住 ＿＿＿＿＿＿＿＿＿＿ 键单击，可去除锚点的单侧方向线。

6．路径选择工具和直接选择工具相互切换的快捷键是 ＿＿＿＿＿＿＿＿＿＿ 键。

三、操作题

1．打开素材图像 "练习 \ 第 6 章 \ 紫砂壶 .jpg"，如图 6.71(a) 所示。利用路径工具选择图中的紫砂壶，将背景替换为白色，如图 6.71 (b) 所示。

(a) 素材图像   (b) 效果图

图 6.71   选择紫砂壶

2．利用路径工具和素材图像"练习 \ 第 6 章 \ 企业标志建筑 .jpg"设计制作如图 6.72 所示的企业信封效果 (彩色效果参照"练习中的操作题参考答案 \ 第 6 章 \ 企业信封 .jpg")。

【参考图文】

图 6.72　企业信封

操作提示：

(1)"贴邮票处"左边的虚线框可利用定义画笔预设和路径描边完成。

(2) 6 个小方框可利用子路径的复制和路径描边完成。

第7章

蒙　版

➡ 教学要求

- 重点掌握快速蒙版、剪贴蒙版、图层蒙版的用法。
- 掌握矢量蒙版的基本用法。
- 掌握调整层的用法。
- 掌握填充层的用法。
- 了解蒙版的实质。

➡ 教学难点

- 不同类型的蒙版的区别与联系。

7.1 蒙版概述

"蒙版"一词来源于传统的绘画和摄影领域。为了控制画面的编辑区域，画家往往根据需要将硬纸片或塑料板的部分区域挖空，做成一个称为"蒙版"的工具，覆盖在画面上。这样，可以描绘和修改显示的画面，同时保护被"蒙版"遮罩的其他区域。同样，摄影师在冲洗底片前，常常将部分挖空的蒙版置于底片与感光纸之间，对底片进行局部曝光。

在 Photoshop 中，根据用途和存在形式的不同，可将蒙版分为快速蒙版、剪贴蒙版、图层蒙版和矢量蒙版等多种。蒙版的主要作用是创建与编辑选区、控制图层的显示范围与显示程度、控制调整层的作用范围与作用强度等。

蒙版有时也被称为遮罩。和路径一样，蒙版不是 Photoshop 特有的工具，诸如 CorelDRAW、Flash、FireWorks、Premiere 等相关软件中都有蒙版的使用。由此可见，蒙版是一个相当重要的工具。

7.2 快速蒙版

7.2.1 使用快速蒙版编辑选区

快速蒙版主要用于创建、编辑与修补选区，其用法举例如下。

(1) 打开图像"第 7 章素材 \ 蜜蜂 .jpg"(图 7.1)。将前景色设置为黑色，背景色设置为白色。

(2) 单击工具箱底部的【以快速蒙版模式编辑】按钮 (或按 Q 键)，进 【视频操作】入快速蒙版编辑状态。

(3) 选择画笔工具，设置画笔大小为 20 像素左右，硬度、不透明度与流量都为 100%。用黑色涂抹蜜蜂的身体，将其用蒙版覆盖，如图 7.2 所示。身体的边缘，触角、腿脚等细微的地方及透明的翅膀先不要涂抹。默认设置下，Photoshop 用 50% 透明度的红色表示蒙版，代表选区外部。

图 7.1 素材图像

图 7.2 用快速蒙版覆盖蜜蜂身体

【参考图文】

(4) 使用缩放工具将图像放大到 300% 以上。设置画笔大小为 7 像素左右，其他参数不变。用黑色涂抹蜜蜂身体的边缘 (使这部分图像也被蒙版覆盖)，如图 7.3 所示。对于毛茸茸的边缘 (如翅膀根部上下两侧附近)，可使用软边画笔涂抹。若不小心涂抹到了蜜蜂身体的外部，可按 X 键将前景色与背景色对换，改用白色涂抹以擦除多余的蒙版。

(5) 将前景色设置为深灰色，用画笔工具涂抹蜜蜂的翅膀。这样可以创建半透明的选区（灰度越深，选区越不透明），如图 7.4 所示。如果不小心涂到了翅膀的外部，可改用白色涂抹以擦除多余的半透明蒙版。

提示

在涂抹翅膀时，用不透明的灰色和半透明的黑色涂抹都可以创建半透明的选区。但是，使用半透明的黑色涂抹时，势必会出现新旧笔迹交叉的区域。在这种笔迹交叉区域将形成透明度较低的选区，使翅膀选区的透明度变得不均匀。

【参考图文】

图 7.3　在蜜蜂身体边缘添加蒙版

图 7.4　用半透明蒙版覆盖翅膀

(6) 将前景色设置为黑色，用 3 像素左右的小号硬边画笔涂抹蜜蜂的腿和触角。必要时可按] 键或 [键以增大或减小画笔。翅膀下方的腿和翅膀上边缘较粗的翅脉也应该用黑色涂抹，如图 7.5 所示。

(7) 在工具箱底部单击【以标准模式编辑】按钮 ◙ （或按 Q 键）退出快速蒙版模式，返回标准编辑状态。选择【选择】|【反向】命令，得到蜜蜂的选区，如图 7.6 所示。

图 7.5　用小号画笔涂抹触角、腿和翅脉

图 7.6　反转选区

(8) 按 Ctrl+C 组合键复制选区内的图像。打开图像"第 7 章素材 \ 花卉 7-02.jpg"，按 Ctrl+V 组合键粘贴图像，生成图层 1。使用【自由变换】命令适当缩小和旋转图层 1，得到如图 7.7 所示的效果。

(9) 选择【图像】|【调整】|【可选颜色】命令，参数设置如图 7.8 所示（仅供参考），单击【确定】按钮。这样可去除蜜蜂上特别是翅膀部位从原图像中带来的绿色成分。

【参考图文】

图 7.7　粘贴并变换图像　　　　　图 7.8　【可选颜色】对话框

(10) 使用套索工具圈选蜜蜂的翅膀 (尽量不要将其他部位选进来)，如图 7.9 所示。

(11) 选择【图像】|【调整】|【色阶】命令，参数设置如图 7.10 所示 (仅供参考)，单击【确定】按钮。这样可提高翅膀的亮度与对比度，增加真实感。

图 7.9　圈选翅膀　　　　　　　　图 7.10　【色阶】对话框

(12) 按 Ctrl+D 组合键取消选区。图像最终效果及图层组成如图 7.11 所示。

【参考图文】

图 7.11　图像最终效果及图层组成

7.2.2　修改快速蒙版参数

双击工具箱底部的【以快速蒙版模式编辑】按钮或【以标准模式编辑】按钮，打开【快速蒙版选项】对话框，如图 7.12 所示。对话框中各项参数的作用如下。

图 7.12　【快速蒙版选项】对话框

(1)【被蒙版区域】：选择该单选按钮，工具箱上的【以标准模式编辑】按钮显示为 ▣。同时，在图像中用黑色涂抹可扩大蒙版区域 (选区外部)，用白色涂抹可扩大选区。

(2)【所选区域】：选择该单选按钮，工具箱上的【以标准模式编辑】按钮显示为 ▣。同时，在图像中用黑色涂抹可扩大选区，用白色涂抹可扩大蒙版区域 (选区外部)。

(3)【颜色】框■：单击打开【拾色器 (快速蒙版颜色)】对话框，以设置快速蒙版在图像中的指示颜色 (默认红色)。

(4)【不透明度】：设置图像中快速蒙版指示颜色的不透明度，默认值为 50%。

上述颜色和不透明度的设置仅仅影响快速蒙版的外观，对其作用不产生任何影响。设置的目的是为了使快速蒙版与图像的颜色对比更加分明，以方便对快速蒙版进行编辑。

7.3　剪贴蒙版

剪贴蒙版通过一个图层中包含像素的区域及像素的透明度控制其上面图层 (可以是多个) 的显示范围和显示程度。Photoshop 的剪贴蒙版与 Flash 中遮罩层的用法比较类似，只是图层的排列顺序恰恰相反。而且在 Photoshop 中利用剪贴蒙版也可以制作类似 Flash 遮罩动画的动画。

7.3.1　创建剪贴蒙版

打开图像"第 7 章素材 \ 荷花 7-01.psd"，如图 7.13 所示。采用下述方法之一创建剪贴蒙版，控制"荷花"层的显示范围。

(1) 按住 Alt 键，将光标移至【图层】面板上"荷花"层与"笔刷"层的分隔线上，当光标变成 ↓□ 形状时单击。

(2) 选择"荷花"层，选择【图层】|【创建剪贴蒙版】命令 (或按 Ctrl+Alt+G 组合键)。

图 7.13　素材图像

剪贴蒙版创建完成后，带有 图标并向右缩进的图层 (此处 "荷花" 层) 称为内容图层。内容图层可以有多个 (但必须是连续的)。所有内容图层下面的一个图层 (此处 "笔刷" 层) 称为基底图层 (图层名称上带有下划线)。基底图层充当了内容图层的蒙版，其中包含像素的区域决定了内容图层的显示范围，如图 7.14 所示。

图 7.14　创建了剪贴蒙版后的图像

基底图层中像素的颜色对剪贴蒙版的效果无任何影响，而像素的不透明度却控制着内容图层的显示程度。不透明度越高，显示程度越高。

选择 "笔刷" 层，选择油漆桶工具，选项栏参数设置如图 7.15 所示。在图像窗口中的白色区域单击为 "笔刷" 层的透明区域填充颜色，结果如图 7.16 所示。

打开图像 "第 7 章素材 \ 小鱼 7-01.psd"，按 Ctrl+A 组合键全选图像，按 Ctrl+C 组合键复制图像。切换到 "荷花 7-01.psd"，选择 "荷花" 层，按 Ctrl+V 组合键粘贴图像。调整 "小鱼" 的位置，如图 7.17 所示。

图 7.15　设置油漆桶工具的参数

图 7.16　在 "笔刷" 层填充透明色

图 7.17　添加"小鱼"素材

用橡皮擦工具擦除中间的两条小鱼，并将图层 1 的不透明度设置为 70%。

按住 Alt 键，在【图层】面板上"荷花"层与图层 1 的分隔线上 (当光标变成↓口形状时) 单击，将图层 1 转化为内容图层，最终效果如图 7.18 所示。

图 7.18　含有多个内容图层的剪贴蒙版

7.3.2　释放剪贴蒙版

释放剪贴蒙版的常用方法如下。

(1) 选择剪贴蒙版中的某一内容图层，选择【图层】|【释放剪贴蒙版】命令可释放该内容图层。如果该图层上面还有其他内容图层，这些图层也同时被释放。

(2) 选择剪贴蒙版中的基底图层，选择【图层】|【释放剪贴蒙版】命令，可释放该基底图层的所有内容图层。

当然，按住 Alt 键在内容图层与其下面图层的分隔线上单击也可释放内容图层。

7.4　图 层 蒙 版

图层蒙版附着在图层上，可以在不破坏图层的情况下控制图层上不同区域像素的显隐程度。图层蒙版是以灰度图像的形式存储的，其中的黑色区域表示所附着图层的对应位置完全透明，白色表示完全不透明，介于黑白之间的灰色表示半透明，透明的程度由灰色的深浅决定。

借助图层蒙版，可以创建一些普通方法难以实现的图像特效，如图像的无缝对接、将滤镜效果逐渐应用于图像等。

Photoshop 允许使用所有的绘画与填充工具、图像修整工具及相关的菜单命令对图层蒙版进行编辑和修改。

7.4.1 图层蒙版基本操作

1. 添加图层蒙版

选择要添加蒙版的图层，采用下述方法之一添加图层蒙版。

(1) 单击【图层】面板上的【添加图层蒙版】按钮 ，或选择【图层】|【图层蒙版】|【显示全部】命令，可以创建一个白色的图层蒙版 (图层缩览图右边的附加缩览图表示图层蒙版)，如图 7.19 所示。白色蒙版对图层的内容显示无任何影响。

(2) 按住 Alt 键单击【图层】面板上的【添加图层蒙版】按钮 ，或选择【图层】|【图层蒙版】|【隐藏全部】命令，可以创建一个黑色的蒙版，如图 7.20 所示。黑色蒙版隐藏了对应图层的所有内容。

图 7.19 显示全部的蒙版

图 7.20 隐藏全部的蒙版

(3) 在存在选区的情况下 (图 7.21)，单击【图层】面板上的【添加图层蒙版】按钮 ，或选择【图层】|【图层蒙版】|【显示选区】命令，将基于选区创建蒙版，如图 7.22 所示。此时，在蒙版上选区内填充白色，选区外填充黑色。按住 Alt 键单击【图层】面板上的【添加图层蒙版】按钮 ，或选择【图层】|【图层蒙版】|【隐藏选区】命令，所产生的蒙版恰恰相反。

图 7.21 存在选区的图像

图 7.22 显示选区的蒙版

在 Photoshop CC 中，全部锁定的图层不能添加图层蒙版，只有取消全部锁定后才能添加。

2. 启用和停用图层蒙版

按住 Shift 键，在【图层】面板上单击图层蒙版的缩览图，可停用图层蒙版。此时，图层蒙版的缩览图上出现红色"×"号标志，图层蒙版对图层暂时不起作用，如图 7.23 所示。

按住 Shift 键，在已停用的图层蒙版的缩览图上单击，红色"×"号标志消失，图层蒙版重新被启用，如图7.24所示。

也可在选择图层蒙版后，通过选择【图层】|【图层蒙版】下的【停用】和【启用】命令，达到相同的目的。

图 7.23　停用图层蒙版　　　　　　　　　　　　　图 7.24　启用图层蒙版

3．删除图层蒙版

在【图层】面板上选择图层蒙版的缩览图，单击面板上的 🗑 按钮，弹出如图7.25所示的提示框。单击【应用】按钮，在删除图层蒙版的同时，蒙版效果被应用在图层上（图层遭到破坏）。单击【删除】按钮，则在删除图层蒙版后蒙版效果不会应用到图层上。也可以通过选择【图层】|【图层蒙版】|【删除】命令，直接删除图层蒙版而不应用蒙版效果。

图 7.25　删除图层蒙版提示框

4．在蒙版与图层之间切换

在【图层】面板上选择添加了图层蒙版的图层后，若图层蒙版缩览图的周围显示有白色亮边框（图7.26），表示当前层处于蒙版编辑状态，所有的编辑操作都是作用在图层蒙版上，当前图层在蒙版的保护下可免遭破坏。此时，若单击图层缩览图可切换到图层编辑状态。

若图层缩览图的周围显示有白色亮边框（图7.27），表示当前层处于图层编辑状态，所有的编辑操作针对的都是当前图层，对蒙版没有任何影响。此时，若单击图层蒙版缩览图可切换到蒙版编辑状态。

图 7.26　蒙版编辑状态　　　　　　　　　　　　　图 7.27　图层编辑状态

还可以用于辨别的是，在默认设置下，当图层处于蒙版编辑状态时，工具箱上的【前景色／背景色】按钮仅显示所取颜色的灰度值。

5. 蒙版与图层的链接

默认设置下，图层蒙版与对应的图层是链接的，如图7.28所示。移动或变换其中的一方，另一方必然跟着一起变动。

在【图层】面板上，单击图层缩览图和图层蒙版缩览图之间的链接图标 8，取消链接关系（8图标消失）。此时移动或变换其中的任何一方，另一方均不会受影响，如图7.29所示。再次在图层缩览图和图层蒙版缩览图之间单击，可恢复链接关系。

图7.28　图层与蒙版的链接　　　　　　图7.29　取消链接后调整图层位置

6. 在图像窗口查看图层蒙版

为了确切地了解图层蒙版中遮罩区域的颜色分布及边缘的模糊程度，可按住Alt键单击图层蒙版的缩览图。这时在图像窗口中可以查看图层蒙版的灰度图像，如图7.30和图7.31所示。要在图像窗口中恢复显示图层图像，可按住Alt键再次单击图层蒙版的缩览图。

图7.30　素材图像　　　　　　　　　　图7.31　查看蒙版灰度图

7. 将图层蒙版转换为选区

按住Ctrl键，在【图层】面板上单击图层蒙版缩览图，可在图像窗口中载入蒙版选区，该选区将取代图像中的原有选区。

按住Ctrl+Shift组合键，单击图层蒙版缩览图；或从图层蒙版的右键菜单中选择【添加蒙版到选区】命令，可将载入的蒙版选区与图像中的原有选区进行并集运算。

按住Ctrl+Alt组合键，单击图层蒙版缩览图；或从图层蒙版的右键菜单中选择【从选区中减去蒙版】命令，可从图像的原有选区中减去载入的蒙版选区。

按住Ctrl+Shift+Alt组合键，单击图层蒙版缩览图；或从图层蒙版的右键菜单中选择【蒙版与选区交叉】命令，可将载入的蒙版选区与图像中的原有选区进行交集运算。

　　若图层蒙版中的黑白像素间具有柔化的边缘，将蒙版转换为选区后，选区边界线恰好位于蒙版中渐变的黑白像素之间。在选区边框线上，像素的选中程度恰好从边框外的不足 50% 增加到边框内的多于 50%，如图 7.32 所示。

图 7.32　载入羽化边缘的蒙版选区

8. 解除图层蒙版对图层样式的影响

　　虽然图层蒙版仅仅是从外观上影响图层内容的显示，但在带有图层蒙版的图层上添加图层样式时，所产生的效果也受到了蒙版的影响，就像图层上被遮罩的内容根本不存在一样，如图 7.33 所示。有时，这种影响是负面的，如 4.4.3 节中在处理奥运五环的交叉区域时。要解除图层蒙版对图层样式的影响，只要打开【图层样式】|【混合选项】对话框，在【高级混合】选项区中选择【图层蒙版隐藏效果】复选框即可，如图 7.34 所示。

图 7.33　投影效果　　　　　　　　　　**图 7.34　解除蒙版的影响**

7.4.2　图层蒙版应用案例

案例一：制作雾气效果

1. 案例说明

　　本例通过在图层蒙版上添加云彩滤镜，并对云彩图案进行色阶调整，制作浓雾或薄雾效果。本案例的学习，目的在于揭示图层蒙版的实质：蒙版上像素的灰度值越高，图层的对应区域越透明。

2. 操作步骤

　　(1) 打开图像"第 7 章素材 \ 竹林 7-01.jpg"，将背景层转化为普通层，命名为"竹林"。

　　(2) 新建图层，填充白色。选择【图层】|【新建】|【图层背景】命令，将新图层转化为背景层，置于【图层】面板的底部，如图 7.35 所示。

图 7.35　将新图层转化为背景层

(3) 选择 "竹林" 层，在【图层】面板上单击■按钮添加显示全部的图层蒙版。

(4) 将前景色和背景色分别设为黑色与白色。确保 "竹林" 层处于蒙版编辑状态，选择【滤镜】|【渲染】|【云彩】命令，如图 7.36 所示。

图 7.36　在图层蒙版上添加云彩滤镜

(5) 确保 "竹林" 层处于蒙版编辑状态。选择【图像】|【调整】|【色阶】命令，参数设置如图 7.37 所示。此时图像中呈现出薄雾效果，如图 7.38 所示。

图 7.37　【色阶】参数设置（一）

图 7.38　薄雾效果

(6) 若设置【色阶】参数如图 7.39 所示，则得到类似图 7.40 所示的浓雾效果。

图 7.39　【色阶】参数设置（二）

图 7.40　浓雾效果

案例二：使用图层蒙版合成图像

1．案例说明

本例首先通过图层蒙版对"建筑"与"草坪"图像进行无缝对接；然后使用图层混合模式和磁性套索工具初步选择人物；最后在对人物和风景图像进行合成时，再次通过图层蒙版对人物选区进行修补。另外，为了获得更合理的合成效果，案例中还使用了调整层、剪贴蒙版和高斯模糊滤镜等技术。

【视频操作】

2．操作步骤

（1）打开图像"第 7 章素材 \ 风景 7-01.jpg"（图 7.41），按 Ctrl+A 组合键全选图像，按 Ctrl+C 组合键复制图像。

（2）打开图像"第 7 章素材 \ 风景 7-02.jpg"（图 7.42），按 Ctrl+V 组合键粘贴图像，得到图层 1。将图层 1 对齐到背景层的顶部，并添加显示全部的图层蒙版，如图 7.43 所示。

图 7.41　风景图像（一）

图 7.42　风景图像（二）

图 7.43　在图层 1 上添加图层蒙版

(3) 将前景色设置为黑色。确保图层 1 处于蒙版编辑状态。使用画笔工具 (不透明度和流量都为 100%) 在如图 7.44 所示的选区标示的范围内涂抹黑色。在涂抹上边界时，尽量使用软边画笔，使得两个风景图像的接口自然过渡。若不小心涂到了左侧树叶或上边界以上的区域，可改用白色画笔涂抹以恢复图像。

(4) 按住 Alt 键单击图层 1 的蒙版，从图像窗口查看涂抹后的蒙版效果，如图 7.45 所示 (仅供参考)。

图 7.44　蒙版的涂抹范围　　　　　图 7.45　蒙版的涂抹效果

(5) 再次按住 Alt 键单击图层 1 的蒙版，恢复显示图层图像。此时的合成效果及【图层】蒙版如图 7.46 所示。

图 7.46　使用图层蒙版对接图像

(6) 单击【图层】面板底部的【创建新的填充或调整图层】按钮 ，从弹出的菜单中选择【可选颜色】命令，结果在图层 1 的上方生成 "选取颜色 1" 调整层。

(7) 按 Ctrl+Alt+G 组合键创建剪贴蒙版，使得 "选取颜色 1" 调整层仅对图层 1 有效。此时的【图层】面板如图 7.47 所示。

(8) 选择 "选取颜色 1" 层，通过【属性】面板设置参数，如图 7.48 所示 (分别对图像中的绿色、青色和红色进行调整)。这样可使图层 1 与背景层的色调更协调。

(a) 参数一　　　　　　(b) 参数二　　　　　　(c) 参数三

图 7.47　添加调整层　　　　　图 7.48　设置【可选颜色】参数

(9) 打开图像"第 7 章素材 \ 瑜伽 7-01.jpg"，如图 7.49 所示。复制背景层，得到"背景 拷贝"层。将"背景 拷贝"层的图层混合模式设置为"线性加深"。复制"背景 拷贝"层得到"背景 拷贝 2"层。此时的图像效果及【图层】蒙版如图 7.50 所示。

图 7.49　人物素材

图 7.50　复制图层并更改混合模式

(10) 将图像放大到 200% 左右，使用磁性套索工具圈选人物。在人物边缘与背景颜色对比度较低和陡峭的拐角处可手动添加紧固点。创建好的选区如图 7.51 所示。

(11) 隐藏背景层之外的其他图层，并将背景层转化为普通层"图层 0"。选择图层 0，选择【图层】|【图层蒙版】|【显示选区】命令，结果如图 7.52 所示。

图 7.51　选择人物

图 7.52　添加图层蒙版

(12) 从【图层】面板菜单中选择【复制图层】命令，打开【复制图层】对话框，参数设置如图 7.53 所示，单击【确定】按钮。

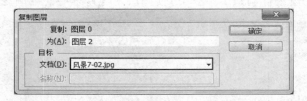
图 7.53　【复制图层】对话框

(13) 切换到图像"风景 7-02.jpg"，将图层 2 适当缩小并调整位置，如图 7.54 所示。

图 7.54　缩放和移动图层 2

(14) 单击【图层】面板底部的【创建新的填充或调整图层】按钮 ●.，从弹出的菜单中选择【色阶】命令，结果在图层 2 的上方生成 "色阶 1" 调整层。

(15) 按 Ctrl+Alt+G 组合键创建剪贴蒙版，使得 "色阶 1" 调整层仅对图层 2 有效。此时的【图层】面板如图 7.55 所示。

(16) 选择 "色阶 1" 层，通过【属性】面板设置参数，如图 7.56 所示 (适当增加对比度)。

图 7.55　添加色阶调整层

图 7.56　设置【色阶】参数

(17) 将前景色设置为黑色，背景色设置为白色。使用缩放工具将图像放大到 200% 以上。选择画笔工具，设置合适的画笔大小 (硬度、不透明度与流量都为 100%)。切换到图层 2 的蒙版编辑状态，在图像窗口中用画笔修补人物的边缘。将多选的用黑色画笔涂抹掉，漏选的用白色画笔涂抹恢复 (按 X 键可将前景色与背景色对换，必要时按] 键或 [键以增大或减小画笔)。

(18) 切换到图层 2 的图层编辑状态，用吸管工具单击人物头部上方背景，将天空的蓝色吸取到前景色按钮上。

(19) 选择画笔工具，在选项栏上将画笔模式设置为 "变暗"。涂抹头发的边缘，将白色清除。修补后的图像效果如图 7.57 所示。

(20) 切换到图层 2 的蒙版编辑状态。将前景色设置为黑色。选择画笔工具，将画笔模式恢复为 "正常"。先使用 20 像素左右的软边画笔涂抹人物下边缘与草坪接界的地方，再改用 3 像素左右的小号画笔在刚才涂抹的地方一笔一笔地上下擦除。这样可以产生更逼真的效果，如图 7.58 所示。

图 7.57　修补人物图像

图 7.58　处理人物与草坪的接界处

(21) 将"选取颜色 1"层向下合并到图层 1，再将图层 1 合并到背景层。复制背景层，得到"背景 拷贝"层。对"背景 拷贝"层添加高斯模糊滤镜 (模糊半径为 3 像素左右)。

(22) 在"背景 拷贝"层上添加显示全部的图层蒙版。选择线性渐变工具，将渐变色设置为"黑色到白色渐变"，如图 7.59 所示。

图 7.59　设置渐变工具的选项栏参数

(23) 确保"背景 拷贝"层处于蒙版编辑状态。从图 7.60 所示的 A 点向 B 点做黑色到白色的垂直线性渐变 (以产生景深效果)，如图 7.61 所示。

图 7.60　渐变的起点、终点及方向

图 7.61　景深效果

(24) 确保"背景 拷贝"层处于蒙版编辑状态。将前景色设置为深灰色。使用画笔工具涂抹图像左上角的树叶，使其恢复一定的清晰度。此时的【图层】面板如图 7.62 所示。

(25) 确保"背景 拷贝"层处于图层编辑状态。选择模糊工具，设置画笔大小为 80 像素左右，硬度与强度都为 100%。涂抹图像窗口右上角的树木 (特别是树木与天空接界处)，使其变得更模糊。图像最终效果如图 7.63 所示。

【参考图文】

图 7.62　恢复近景的清晰度

图 7.63　图像最终效果

(26) 存储合成图像，关闭所有素材文件 (不保存更改)。

7.5 矢 量 蒙 版

矢量蒙版用于在图层上创建边界清晰的图形。这种图形易修改，特别是缩放后依然能够保持清晰平滑的边界。

矢量蒙版的基本操作如下。

1. 添加矢量蒙版

选择要添加矢量蒙版的图层，采用下述方法之一添加矢量蒙版。

(1) 按住 Ctrl 键，单击【图层】面板上的■按钮，或选择【图层】|【矢量蒙版】|【显示全部】命令，可以创建显示图层全部内容的白色矢量蒙版，如图 7.64 所示。

(2) 按住 Ctrl+Alt 组合键，单击【图层】面板上的■按钮，或选择【图层】|【矢量蒙版】|【隐藏全部】命令，可以创建隐藏图层全部内容的灰色矢量蒙版，如图 7.65 所示。

图 7.64　显示全部的矢量蒙版

图 7.65　隐藏全部的矢量蒙版

(3) 在【路径】面板上选择某个路径，按住 Ctrl 键单击【图层】面板上的■按钮，或选择【图层】|【矢量蒙版】|【当前路径】命令，将基于当前路径在图层上创建矢量蒙版，如图 7.66 所示。

在 Photoshop CC 中，背景层、全部锁定的图层和形状图层不能直接添加矢量蒙版。

图 7.66　基于路径的矢量蒙版

2．编辑矢量蒙版

对矢量蒙版的编辑实际上就是对矢量蒙版中路径的编辑。在【图层】面板上选择带有矢量蒙版的图层后，即可在图像窗口中对矢量蒙版中的路径进行编辑（如移动或变换路径、添加子路径、调整路径形状等）。

3．删除矢量蒙版

在【图层】面板上选择矢量蒙版的缩览图，单击面板上的🗑按钮，弹出提示对话框，单击【确定】按钮。也可以通过选择【图层】|【矢量蒙版】|【删除】命令，或按 Delete 键，直接删除矢量蒙版。

4．停用或启用矢量蒙版

停用或启用矢量蒙版与停用或启用图层蒙版类似，可参阅 7.4.1 节中的对应内容。

5．将矢量蒙版转化为图层蒙版

选择包含矢量蒙版的图层，选择【图层】|【栅格化】|【矢量蒙版】命令，即可将矢量蒙版转化为图层蒙版。

7.6 与蒙版相关的图层：调整层与填充层

7.6.1 调整层

调整层是一种带有图层蒙版或矢量蒙版的特殊图层，可以在不破坏图像原始数据的情况下对其下面的图层进行颜色调整，属于典型的非破坏性图像编辑方式。使用调整层的另一个好处是，在任何时候都可以修改颜色调整参数。

调整层是一个独立的图层，它本身不包含任何像素，却承载着对其下层图像的颜色调整参数。通过调整层上的蒙版还可以控制颜色调整的作用范围和强度。

调整层的使用范围很广。绝大多数颜色调整命令都能够借助调整层来发挥其颜色调整作用。

下面以"色彩平衡"为例介绍调整层的用法。

(1) 打开图像"第 7 章素材 \ 书 7-01.psd"，选择"插画"层，如图 7.67 所示。

图 7.67　素材图像

(2) 选择【图层】|【新建调整图层】|【色彩平衡】命令，打开【新建图层】对话框，参数设置如图 7.68 所示。

图 7.68　【新建图层】对话框

【使用前一图层创建剪贴蒙版】：以下一图层作为基底图层创建剪贴蒙版，使得颜色调整作用限制在下一图层的像素范围内，以便不影响下面的其他图层。

【模式】：为调整层选择不同的混合模式，以改善颜色调整结果或制作特殊效果。也可以直接在【图层】面板上为调整层选择混合模式。

【不透明度】：改变调整层的不透明度，以控制颜色调整的强度。也可以直接在【图层】面板上设置。

(3) 单击【确定】按钮，生成名称为"色彩平衡 1"的调整图层，同时显示【属性】面板。参数设置如图 7.69 所示 (仅调整中间色调区域)。此时的图像效果及【图层】面板如图 7.70 所示。

提示

也可以通过在【图层】面板上单击【创建新的填充或调整图层】按钮，从弹出菜单中选择【色彩平衡】命令来创建调整层。

图 7.69　【属性】面板

图 7.70　添加调整层后的图像

(4) 按住 Ctrl 键，在【图层】面板上单击"插画"层的缩览图，载入选区。

(5) 确保调整层处于图层蒙版编辑状态。将前景色设为白色，背景色设为黑色。选择渐变工具，在图像窗口中从选区右下角到选区左上角创建一个由白色到黑色的线性渐变，使得"插画"层图像的颜色调整效果从右下角到左上角逐渐减弱。取消选区，结果如图 7.71 所示。

图 7.71　利用图层蒙版控制调整强度

【参考图文】

在调整层的图层蒙版上，黑色表示调整层对下层图像无任何调整效果，白色表示调整效果最强，灰色区域的调整程度由灰色的深浅决定，灰度越深，调整强度越小。所以，图层蒙版不仅能够像剪贴蒙版那样控制调整层的作用范围，还可以形成淡入或淡出的调整效果（而改变调整层的不透明度只能平均改变调整强度）。

(6) 在【图层】面板上双击调整层上的 图标，打开【属性】面板，可随时修改颜色调整参数。

提示

若在创建调整层前选择了某个路径，则可以创建带有矢量蒙版的调整层。此时，调整层对下层图像的调色效果被限制在路径的封闭区域内。

7.6.2 填充层

默认设置下，填充层是一种带有图层蒙版的特殊图层。填充层上的填充内容包括纯色、渐变色和图案三种。通过填充层的不透明度设置和图层蒙版可以控制填充效果的强弱和填充范围。

下面以图案填充为例介绍填充层的创建方法。

(1) 打开图像"第 7 章素材 \ 木纹 .jpg"，如图 7.72 所示。选择【编辑】|【定义图案】命令，打开【图案名称】对话框。采用默认设置，单击【确定】按钮。

(2) 打开图像"第 7 章素材 \ 留言 .psd"，选择背景层，如图 7.73 所示。

图 7.72　素材——木纹　　　　图 7.73　素材——留言

(3) 在【图层】面板上单击【创建新的填充或调整图层】按钮，从弹出菜单中选择【图案】命令，打开【图案填充】对话框，如图 7.74 所示。选择步骤 (1) 中定义的木纹图案，单击【确定】按钮。此时在背景层的上面生成图案填充层，如图 7.75 所示。

图 7.74　【图案填充】对话框　　　　图 7.75　创建图案填充层

在 Photoshop CC 中，若事先选择了路径，则可以利用上述方法创建形状层。此时，填充内容被限制在路径的封闭区域内。

小 结

本章主要讲述了以下内容：

(1) 蒙版概述。蒙版的引入、蒙版的分类、蒙版的作用与重要性。蒙版是实现非破坏性编辑的重要工具。

(2) 快速蒙版。快速蒙版的使用方法。快速蒙版用于创建与编辑选区。

(3) 剪贴蒙版。剪贴蒙版的使用方法。剪贴蒙版用于控制图层的显示范围与显示程度，或控制调整层的作用范围与作用强度。

(4) 图层蒙版。图层蒙版的使用方法。图层蒙版用于控制图层的显示范围与显隐程度，并保护相应的图层免遭破坏。在图层蒙版上，黑色表示透明，白色表示不透明，灰色表示半透明，透明的程度由灰色的深浅决定。

(5) 矢量蒙版。矢量蒙版用于在图层上创建边界清晰的图形。

(6) 与蒙版有关的图层：调整层、填充层。

① 调整层是一种带有图层蒙版或矢量蒙版的特殊图层，可以在不破坏图像原始数据的情况下进行颜色调整，而且在任何时候都可以修改颜色调整参数。通过调整层上的蒙版可以控制调整层的作用范围和强度。

② 填充层也是一种带有蒙版的特殊图层，填充的内容包括纯色、渐变色和图案 3 种。

习 题

一、选择题

1. 以下关于蒙版的说法，不正确的是 _____ 。
   A. 剪贴蒙版用于控制图层的显示范围，或控制调整层的作用范围
   B. 快速蒙版用来创建和编辑选区
   C. 图层蒙版用来控制图层中不同区域的图像的显隐状况
   D. 要想使图层蒙版不起作用，唯一的方法就是将其删除

2. 以下关于蒙版的说法，不正确的是 _____ 。
   A. 在 Photoshop 中，图层蒙版是以 8 位 (256 阶) 彩色图像形式存储的
   B. 在 Photoshop 中，可以使用所有的绘画与填充工具、图像修整工具及相关的菜单命令对图层蒙版进行编辑和修改
   C. 可使用相关的菜单命令将选区作为蒙版存储在 Alpha 通道中
   D. 选区实际上就是一种临时性的蒙版

3. 将蒙版与图层建立链接的作用是 _____ 。
   A. 可将蒙版与图层进行对齐
   B. 可将蒙版与图层同时进行编辑
   C. 可将蒙版与图层一起移动和变换
   D. 可将蒙版与图层一起删除

4. 以下关于矢量蒙版的说法，不正确的是 _____。

    A．使用矢量蒙版可以在图层上创建边界清晰的图形

    B．图层蒙版不能转换为矢量蒙版，同样，矢量蒙版也不能转换为图层蒙版

    C．对矢量蒙版的编辑实际上是对矢量蒙版中路径的编辑

    D．使用矢量蒙版创建的图形易修改，特别是缩放后依然保持清晰平滑的边界

5. 以下对图层蒙版的描述错误的是 _____。

    A．按住 Alt 键单击图层蒙版的缩览图，可以在图像窗口中查看图层蒙版的灰度图像

    B．选择带有蒙版的图层后，在【通道】面板上会出现一个临时的 Alpha 通道

    C．在图层上添加的蒙版只能是白色的

    D．图层蒙版相当于一个 8 位灰阶的 Alpha 通道 (假设图像是 8 位 / 通道)

6. 按 _____ 字母键可以使图像进入快速蒙版编辑状态。

    A．M   B．Q   C．T   D．K

7. 下列关于蒙版的描述错误的是 _____。

    A．快速蒙版主要用于创建、编辑与修补选区

    B．图层蒙版和矢量蒙版是不同类型的蒙版，两者之间是无法转换的

    C．图层蒙版可转化为浮动的选择区域

    D．在快速蒙版或图层蒙版编辑状态，在【通道】面板上可看到与蒙版相对应的临时 Alpha 通道

8. 下面对图层蒙版的描述不正确的是 _____。

    A．图层蒙版相当于一个 8 位灰阶的 Alpha 通道 (假设图像是 8 位 / 通道)

    B．在图层蒙版中，不同程度的灰色表示图像以不同程度的透明度进行显示

    C．按 Esc 键可以取消图层蒙版的显示

    D．在全部锁定的图层上是不能建立图层蒙版的

9. 以下不能添加图层蒙版的是 _____。

    A．图层组   B．文字图层

    C．透明图层   D．全部锁定的图层

10. 在图层上添加一个蒙版后，要想单独移动蒙版，以下操作正确的是 _____。

    A．首先选择图层上的蒙版，然后选择移动工具就可移动了

    B．首先选择图层上的蒙版，然后使用选择工具在图像中拖动即可

    C．首先解除图层与蒙版的链接，然后使用移动工具就可以移动了

    D．首先解除图层与蒙版的链接，再选择蒙版，然后使用移动工具就可以移动了

二、填空题

1. 根据用途和存在形式的不同，蒙版可分为 _____、_____、_____ 和矢量蒙版等多种。

2. 在图层蒙版上，_____ 表示透明，_____ 表示不透明，灰色表示 _____，透明的程度由灰色的深浅决定。

3. 在编辑带有图层蒙版的图层时，存在 ＿＿＿＿＿ 编辑状态和 ＿＿＿＿＿ 编辑状态两种情况。

4. 调整层是一种特殊的图层，通过它可以对图像进行 ＿＿＿＿＿＿ 调整，但不会破坏原始图像数据。

5. 默认设置下，填充层也是一种带有蒙版的图层。填充层上的内容可以是 ＿＿＿＿＿＿、＿＿＿＿＿＿ 或 ＿＿＿＿＿＿。

三、操作题

1. 利用磁性套索工具、快速蒙版、高斯模糊滤镜等技术和素材图像"练习 \ 第 7 章 \ 白兰花 .jpg"(图 7.76) 制作如图 7.77 所示的效果 (即对背景进行模糊处理)。

参考步骤：

(1) 复制背景层得到"背景 拷贝"层。

(2) 使用磁性套索工具选择"背景 拷贝"层上的白兰花及枝干。

(3) 使用快速蒙版修补选区。

(4) 添加显示选区的图层蒙版。

(5) 在背景层上应用高斯模糊滤镜。

图 7.76　素材图像——白兰花

图 7.77　处理结果

2. 利用图层蒙版和"练习 \ 第 7 章"文件夹下的素材图像 "云雾 .jpg"与"瀑布 .jpg"(图 7.78) 制作如图 7.79 所示的无缝对接效果。

图 7.78　素材图像

图 7.79　蒙版合成效果

参考步骤：

(1) 使用【图像】|【画布大小】命令将"瀑布"图像向上扩充（扩充后的图像高度为 18 厘米左右，宽度不变）。

(2) 将"云雾"图像复制到"瀑布"图像，得到图层 1。将图层 1 与背景层顶边对齐。

(3) 在图层 1 上添加显示全部的图层蒙版。

(4) 将图层 1 的不透明度设置为 80% 左右。

(5) 确保图层 1 处于图层蒙版编辑状态，在图 7.80 所示的 A 点向 B 点做白色到黑色的垂直线性渐变。其中 A 点向上靠近但不能超出原"瀑布"图像的上边界，B 点向下靠近但不能超出原"云雾"图像的下边界。

(6) 将图层 1 的不透明度恢复为 100%。图像合成后的【图层】面板如图 7.81 所示。

图 7.80　由 A 向 B 做线性渐变

图 7.81　最终图层组成

3. 利用图层蒙版和素材图像"练习 \ 第 7 章 \ 舞蹈 .jpg"（图 7.82）制作如图 7.83 所示的影子效果。

图 7.82　素材图像——舞蹈

图 7.83　合成效果

参考步骤：

(1) 使用魔棒工具和【选择】|【反向】命令选择背景层上的人物 (必要时可使用快速蒙版修补选区)。

(2) 复制并粘贴选区图像，得到图层 1。复制图层 1，得到图层 1 拷贝层。

(3) 将图层 1 向左下角方向移动约 60 个像素，并添加显示全部的图层蒙版。

(4) 确保图层 1 处于图层蒙版编辑状态，在图 7.84 所示的 A 点向 B 点做白色到黑色的线性渐变。

(5) 创建文本"优雅的舞者，脚尖上的艺术。"并添加投影效果。操作完成后的【图层】面板如图 7.85 所示。

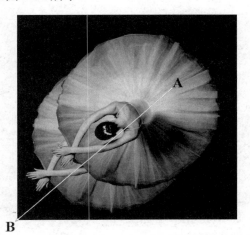

图 7.84　由 A 向 B 做线性渐变

图 7.85　最终图层组成

第 8 章

通　道

教　学　要　求

- 掌握颜色通道和 Alpha 通道的基本操作。
- 掌握使用通道保存选区、使用通道抠图的方法。
- 理解通道的基本概念，了解通道的分类。
- 理解通道、蒙版与选区三者的关系。
- 了解专色通道的用途与创建方法。
- 了解【应用图像】和【计算】命令的使用方法。

教　学　难　点

- 通道的概念。
- 通道的高级应用。

8.1 通道原理与工作方式

通道是 Photoshop 最重要、最核心的功能之一，也是 Photoshop 最难理解和掌握的内容。对于初学者而言，虽然通道比较抽象，不能在短期内迅速掌握，但仍要给予充分重视。只有攻克了通道这道难关，才算真正掌握了 Photoshop 技术的精髓。

8.1.1 通道概述

简而言之，通道是存储图像的颜色信息或选区信息的一种载体。用户可以将使用选择工具等创建的选区转换为灰度图像，存放在通道中，然后对这种灰度图像做进一步处理，以获得符合实际需要的更加复杂的选区。

Photoshop 包含 3 种类型的通道：颜色通道、Alpha 通道和专色通道。其中使用频率最高的是 Alpha 通道，其次分别为颜色通道和专色通道。

打开图像时，Photoshop 分析图像的颜色信息，自动创建颜色通道。在 RGB、CMYK 或 Lab 颜色模式的图像中，不同的颜色分量分别存放于不同的颜色通道中。在【通道】面板顶部列出的是复合通道，由各颜色分量通道混合而成，其中的彩色图像就是在图像窗口中显示的图像。图 8.1 所示的是一幅 RGB 图像的颜色通道。

图 8.1 RGB 图像的颜色通道组成

颜色通道用于存储图像中的颜色信息。图像的颜色模式决定了其颜色通道的数量。例如，RGB 图像包含红 (R)、绿 (G)、蓝 (B) 三个单色通道和一个复合通道，CMYK 图像包含青 (C)、洋红 (M)、黄 (Y)、黑 (K) 四个单色通道和一个复合通道，Lab 图像包含明度通道、a 颜色通道、b 颜色通道和一个复合通道，灰度、位图、双色调和索引颜色模式的图像都只有一个颜色通道。

除了 Photoshop 自动生成的颜色通道外，用户还可以根据实际需要，在图像中另外添加 Alpha 通道和专色通道。其中 Alpha 通道用于存放和编辑选区，专色通道则用于存放印刷中的专色。例如，在 RGB 图像中最多可添加 53 个 Alpha 通道或专色通道。但有一种情况例外，位图模式的图像不能额外添加通道。

8.1.2 颜色通道

颜色通道用于存储图像中的颜色信息——颜色的含量与分布。下面以 RGB 图像为例进行说明。

打开图像"第 8 章素材 \ 樱桃 8-01.jpg"，如图 8.2 所示。在【通道】面板上单击选择红色通道，如图 8.3 所示。

【参考图文】

图 8.2　素材图像

图 8.3　红色通道灰度图

从图像窗口中查看红色通道的灰度图像。亮度越高，表示彩色图像对应区域的红色含量越高，亮度越低的区域表示红色含量越低。黑色区域表示不含红色，白色区域表示红色含量达到最大值。

根据上述分析可知，修改颜色通道将影响图像的颜色。仍以"樱桃 8-01.jpg"为例加以说明。

在【通道】面板上单击选择绿色通道，同时单击复合通道 (RGB 通道) 缩览图左侧的灰色方框▢，显示眼睛图标👁，如图 8.4 所示。这样可以在编辑绿色通道的同时，从图像窗口中查看彩色图像的变化情况。

选择【图像】|【调整】|【亮度 / 对比度】命令，在弹出的对话框中进行参数设置，如图 8.5 所示，单击【确定】按钮。

图 8.4　选择绿色通道

图 8.5　【亮度 / 对比度】参数设置

提高绿色通道的亮度，等于在彩色图像中增加绿色的混入量，结果如图 8.6 所示。

将前景色设为黑色。在【通道】面板上单击选择蓝色通道，按 Alt+Delete 组合键在蓝色通道上填充黑色。这样相当于将彩色图像中的蓝色成分全部清除，整幅图像仅由红色和绿色混合而成，如图 8.7 所示。

【视频操作】

图 8.6　增加图像中的绿色含量　　　　　　图 8.7　清除图像中的蓝色成分

由此可见，通过改变颜色通道的亮度可校正色偏，或制作具有特殊色调效果的图像。

选择绿色通道，通过滤镜库添加【纹理化】滤镜，参数设置如图 8.8 所示，单击【确定】按钮，结果如图 8.9 所示。

【参考图文】

图 8.8　设置滤镜参数　　　　　　图 8.9　在绿色通道上添加滤镜

纹理滤镜效果主要出现在彩色图像中绿色含量较高的区域，红色樱桃上的滤镜效果十分微弱。如果将滤镜效果添加在红色通道上，情况正好相反。添加在蓝色通道上，图像没有任何变化，因为图像中已经不包含任何蓝色成分。

在【通道】面板上单击选择复合通道，返回图像的正常编辑状态。

上述对颜色通道的分析是针对 RGB 图像而言的。对于其他颜色模式的图像，情况就不同了。打开 CMYK 颜色模式的图像"第 8 章素材 \ 桃花 8-01.jpg"，如图 8.10 所示。在【通道】面板上单击选择洋红通道。

图 8.10　素材图像

选择【图像】|【调整】|【色阶】命令，在弹出的对话框中进行参数设置，如图 8.11 所示，单击【确定】按钮，结果如图 8.12 所示。

【参考图文】

图 8.11 【色阶】对话框参数设置　　　　　图 8.12 图像调整效果

在上述操作中，提高洋红通道的亮度，等于在彩色图像中降低洋红的混入量。CMYK 图像的其他颜色通道也是如此。这与 RGB 图像恰恰相反。

总之，对于颜色通道，可以得出以下结论。

① 颜色通道是存储图像颜色信息的载体。

② 调整颜色通道的亮度，可以改变图像中各原色成分的含量，使图像色彩发生变化。

8.1.3　Alpha 通道

Alpha 通道用于保存选区信息，也是编辑选区的重要场所。在 Alpha 通道中，白色代表选区，黑色表示未被选择的区域，灰色表示选择强度较弱的区域。

打开图像"第 8 章素材 \ 天空 8-01.psd"，如图 8.13 所示。在【通道】面板上单击选择 Alpha 1 通道，如图 8.14 所示。在图像窗口中查看 Alpha 1 通道的灰度图。

图 8.13　素材图像　　　　　　　　　　图 8.14　查看 Alpha 通道

按住 Ctrl 键，在【通道】面板上单击 Alpha 1 通道的缩览图，载入 Alpha 1 通道中的选区。单击选择复合通道，并切换到【图层】面板，如图 8.15 所示。按 Ctrl+C 组合键复制背景层选区内的图像。

图 8.15　载入 Alpha 通道选区

新建一个大小为 580 像素 ×350 像素、分辨率为 72 像素 / 英寸、RGB 颜色模式的空白文档。将背景层填充为蓝色 (颜色值为 #3449a2)。

按 Ctrl+V 组合键粘贴图像，结果如图 8.16 所示。由于从 Alpha 通道的灰色区域载入的是半透明的选区，因而从该选区复制出来的云彩图像是半透明的。

【参考图文】

图 8.16　粘贴云彩图像

用白色涂抹 Alpha 通道，或增加 Alpha 通道的亮度，可扩展选区的范围；用黑色涂抹或降低亮度，则缩小选区的范围。

8.1.4　专色通道

专色是印刷中特殊的预混油墨，用于替代或补充印刷色 (CMYK) 油墨。常见的专色包括金色、银色和荧光色等，仅使用青、洋红、黄和黑四色油墨打印不出这些特殊的颜色。要印刷带有专色的图像，需要在图像中创建存放专色的通道，即专色通道。

打开要添加专色的图像"第 8 章素材 \ 野花 8-01.psd"，如图 8.17 所示。

按住 Ctrl 键，在【通道】面板上单击 Alpha 1 通道的缩览图，载入 Alpha 1 通道中的选区。选择【选择】|【反向】命令，以确定图像中要添加专色的区域，如图 8.18 所示。

图 8.17　素材图像　　　　　　　　图 8.18　确定添加专色的区域

选择【通道】面板菜单中的【新建专色通道】命令，打开【新建专色通道】对话框，如图 8.19 所示。各参数作用如下。

【名称】：输入专色通道的名称。选择自定义颜色时，Photoshop 将自动采用所选专色的名称，以便其他应用程序能够识别。

【颜色】：单击【颜色】按钮■，打开 Photoshop 拾色器。单击其中的【颜色库】按钮，弹出【颜色库】对话框，从中可选择 PANTONE 或 TOYO 等颜色系统中的颜色，如图 8.20 所示。

图 8.19　【新建专色通道】对话框　　　　图 8.20　【颜色库】对话框

【密度】：该选项用于在屏幕上模拟印刷后专色的密度，并不影响实际的打印输出，取值范围为 0% ～ 100%。数值越大表示颜色越不透明。输入 100% 时，模拟完全覆盖下层油墨的油墨（如金属质感油墨）；输入 0% 则模拟完全显示下层油墨的透明油墨（如透明光油）。另外，也可以使用该选项查看其他透明专色（如光油）的显示位置。

本例选择专色 PANTONE 444C，单击【确定】按钮。所创建的专色通道如图 8.21 所示。

【参考图文】

图 8.21　创建专色通道

专色通道中存放的也是灰度图像，其中黑色表示不透明度为 100% 的专色，灰度的深浅表示专色的浓淡。可以像编辑 Alpha 通道那样，使用 Photoshop 的有关工具和命令对其进行修改。但与【新建专色通道】对话框的【密度】选项不同的是，对专色通道进行修改时，绘画工具或菜单选项中的【不透明度】选项表示用于打印输出的实际油墨浓度。

为了输出专色通道，应将图像存储为 DCS 2.0 格式或 PDF 格式。如果要使用其他应用程序打印含有专色通道的图像，并且将专色通道打印到专色印版，必须首先以 DCS 2.0 格式存储图像。DCS 2.0 格式不仅保留专色通道，而且被 Adobe InDesign、Adobe PageMaker 等应用程序支持。

8.2　通道基本操作

8.2.1　选择通道

在【通道】面板上，采用鼠标单击的方式可选择任何一个通道。按住 Shift 键单击可加选多个通道，如图 8.22 所示。

图 8.22　选择多个通道

按 Ctrl+ 数字键可快速选择通道。以 RGB 图像为例，按 Ctrl+2 组合键选择复合通道，按 Ctrl+3 组合键选择红色通道，按 Ctrl+4 组合键选择绿色通道，按 Ctrl+5 组合键选择蓝色通道，按 Ctrl+6 组合键选择蓝色通道下面第一个 Alpha 通道或专色通道，按 Ctrl+7 组合键选择第二个 Alpha 通道或专色通道，依此类推。这样一来，不必切换到【通道】面板即可选择所需的通道。

8.2.2　通道的显示与隐藏

通道的显示与隐藏和图层类似，通过单击通道缩览图左侧的眼睛图标 实现。

(1) 在 Alpha 通道中编辑选区时，常常需要参考整个图像的内容。这时可在选择 Alpha 通道的同时显示复合通道，如图 8.23 所示。

(2) 要想查看单个通道，只需显示该通道并隐藏其他通道即可。

(3) 在查看多个颜色通道时，图像窗口显示这些通道的彩色混合效果，如图 8.24 所示。

(4) 在显示复合通道时，所有单色通道自动显示。并且，只要显示了所有的单色通道，复合通道也将自动显示。

图 8.23　参考复合通道

图 8.24　查看多个颜色通道

8.2.3　将颜色通道显示为彩色

默认设置下，单色通道是以灰度图像显示的。选择【编辑】|【首选项】|【界面】命令，打开【首选项】对话框，选择【用彩色显示通道】复选框 (图 8.25)，单击【确定】按钮。此时，所有颜色通道均以彩色显示，如图 8.26 所示。

【参考图文】

图 8.25　【首选项】对话框　　　　　图 8.26　以彩色显示通道

8.2.4　创建 Alpha 通道

在图像处理中，根据不同的用途，可以从多种渠道创建 Alpha 通道。

1.　创建空白 Alpha 通道

在【通道】面板上单击【创建新通道】按钮，可使用默认设置创建一个 Alpha 通道。如图 8.27 所示。若选择【通道】面板菜单中的【新建通道】命令，或按住 Alt 键单击【新建通道】按钮，将打开【新建通道】对话框，如图 8.28 所示。

输入通道名称，设置色彩指示区域、颜色和不透明度，单击【确定】按钮按指定参数创建 Alpha 通道。该对话框的参数设置仅影响通道的预览效果，对通道中的选区无任何影响。

图 8.27　新建空白 Alpha 通道　　　　　图 8.28　【新建通道】对话框

2. 从颜色通道创建 Alpha 通道

将颜色通道拖动到【创建新通道】按钮 🔲 上,可以得到 Alpha 通道。该 Alpha 通道虽然是原颜色通道的拷贝,但二者之间除了灰度图像相同外,没有任何其他的联系。

该操作常用于通道抠图,一般做法是寻找一个合适的颜色通道→复制颜色通道得到副本通道→对副本通道中的灰度图像做进一步修改,以获得精确的选区。由于修改颜色通道将影响整个图像的颜色,因此不宜直接对颜色通道进行编辑修改。

3. 从选区创建 Alpha 通道

对于使用选择工具等创建的临时选区,可以通过【存储选区】命令将其转换为 Alpha 通道,具体操作可参阅 8.2.9 节。

4. 从蒙版创建 Alpha 通道

图像处于快速蒙版编辑模式时,其【通道】面板上将显示一个临时的 Alpha 通道,如图 8.29 所示。一旦退出快速蒙版编辑模式,临时的 Alpha 通道也就消失了。将临时 Alpha 通道拖动到【创建新通道】按钮 🔲 上,可以得到一个名称为 "Alpha 拷贝" 的 Alpha 通道,永久驻留在【通道】面板上,如图 8.30 所示。

【参考图文】

图 8.29　快速蒙版通道　　　　　　　　图 8.30　存储快速蒙版通道

类似地,当选择带有图层蒙版的图层时,通道面板上将显示一个临时的图层蒙版通道,如图 8.31 所示。将临时图层蒙版通道拖动到【创建新通道】按钮 🔲 上,可以得到一个名称为 "×× 蒙版 拷贝" 的 Alpha 通道,永久存放在【通道】面板上,如图 8.32 所示。

图 8.31　图层蒙版通道　　　　　　　　图 8.32　复制图层蒙版通道

8.2.5 重命名 Alpha 通道

在【通道】面板上可采用下述方法之一，重新命名 Alpha 通道。

(1) 双击 Alpha 通道的名称，输入新的名称，按 Enter 键或在名称编辑框外单击。

(2) 双击 Alpha 通道的缩览图，打开【通道选项】对话框（图 8.33），输入新的名称，单击【确定】按钮。

(3) 选择要重新命名的 Alpha 通道，在【通道】面板菜单中选择【通道选项】命令，打开【通道选项】对话框，输入新的名称，单击【确定】按钮。

专色通道的重命名方式类似。Photoshop 禁止对颜色通道重新命名。

8.2.6 复制通道

1. 使用鼠标方式复制通道

在【通道】面板上，将要复制的通道拖动到【创建新通道】按钮 🔲 上，可得到该通道的一个拷贝通道。若将当前图像的某一通道拖动到其他图像的窗口中，则可实现通道在不同图像间的复制。在这种操作方式下，相关两个图像的像素尺寸可以不相同。

2. 使用菜单命令复制通道

在【通道】面板上选择要复制的通道，从【通道】面板菜单中选择【复制通道】命令，打开【复制通道】对话框，如图 8.34 所示。

图 8.33　【通道选项】对话框　　　　图 8.34　【复制通道】对话框

在【文档】下拉列表中选择当前文件（默认选项），可将通道复制到当前图像内。若选择其他文件（这些都是已经打开并且与当前图像具有同样像素尺寸的图像文件），可将通道复制到该文件中。如果选择"新建"选项，则将通道复制到新建文件（一个仅包含单个通道的多通道图像）中。

提示

Photoshop 禁止将其他图像的通道复制到位图模式的图像中。

8.2.7 删除通道

在【通道】面板上，可采用下述方法之一删除通道。

(1) 将要删除的通道拖动到【删除当前通道】按钮 🗑 上。

(2) 选择要删除的通道，在通道面板菜单中选择【删除通道】命令。

(3) 选择要删除的通道,单击【删除当前通道】按钮🗑,弹出 Photoshop 提示框,单击【是】按钮。

如果删除的是颜色通道,图像将自动转换为多通道模式。由于多通道模式不支持图层,图像中所有的可见图层将合并为一个图层 (隐藏的图层被自动丢弃)。

8.2.8 替换通道

打开图像"第 8 章素材 \ 宠物 8-02.jpg",在【通道】面板上选择红色通道。按 Ctrl+A 组合键选择通道灰度图像,如图 8.35 所示。按 Ctrl+C 组合键进行复制。

打开图像"第 8 章素材 \ 野花 8-02.psd",在【通道】面板上选择绿色通道 (同时显示复合通道),如图 8.36 所示。按 Ctrl+V 组合键用"宠物"的红色通道覆盖"野花"的绿色通道。

图 8.35 复制"宠物"的红色通道　　　　图 8.36 选择"野花"的绿色通道

由于"野花 8-02.psd"的颜色通道被修改,所以整个图像发生了变化,如图 8.37 所示。

图 8.37 替换通道后的效果

【参考图文】

替换通道操作也可以在同一图像内部进行。打开图像"第 8 章素材 \ 芍药 8-01.jpg"(图 8.38),使用绿色通道替换蓝色通道,结果如图 8.39 所示 (花瓣由紫红色变成红色)。

【参考图文】

图 8.38 素材图像　　　　图 8.39 替换通道后的图像

当然,也可以使用颜色通道替换 Alpha 通道,或用 Alpha 通道替换颜色通道。实际上,可以从任意的图层、蒙版或通道复制出图像内容,替换指定的颜色通道或 Alpha 通道。

8.2.9　存储选区

将临时选区存储于 Alpha 通道中，可以实现选区的多次重复使用，还可以通过编辑通道获得更加复杂的选区。

1.　使用默认设置存储选区

当图像中存在选区时，在【通道】面板上单击【将选区存储为通道】按钮███，可将选区存储于新建 Alpha 通道中，如图 8.40 所示。

2.　使用【存储选区】命令

利用【存储选区】命令可将现有选区存储于新建 Alpha 通道，或图像的原有通道中。

当图像中存在选区时，选择【选择】|【存储选区】命令，打开【存储选区】对话框，如图 8.41 所示，按要求设置对话框参数。

图 8.40　按默认设置存储选区

图 8.41　【存储选区】对话框

【文档】：选择要存储选区的目标文档。其中列出的都是已经打开且与当前图像具有相同的像素尺寸的文档。若选择"新建"选项，可将选区存储在新文档的 Alpha 通道中。新文档与当前图像也具有相同的像素尺寸。

【通道】：选择要存储选区的目标通道。默认选项为"新建"，可将选区存储在新建 Alpha 通道中。也可以选择图像现有的 Alpha 通道、专色通道或蒙版通道，将选区存储其中，并与其中的原有选区进行运算，如图 8.42 所示。

【名称】：在【通道】下拉列表中选择"新建"选项时，输入新通道的名称。

【操作】：将选区存储于已有通道时，确定现有选区与通道中原有选区的运算关系。包括【替换通道】、【添加到通道】、【从通道中减去】和【与通道交叉】4 种运算。

　①【替换通道】：用当前选区替换通道中的原有选区。

　②【添加到通道】：将当前选区添加到通道的原有选区。

　③【从通道中减去】：从通道的原有选区减去当前选区。

　④【与通道交叉】：将当前选区与通道的原有选区进行交集运算。

参数设置完成后，单击【确定】按钮。

图 8.42　将选区存储于原有通道

8.2.10　载入选区

可采用下述方法之一，载入存储于通道中的选区。

(1) 按住 Ctrl 键，在【通道】面板上单击要载入选区的通道的缩览图。

(2) 在【通道】面板上，选择要载入选区的通道，单击【将通道作为选区载入】按钮❋。

(3) 通过选择【选择】|【载入选区】命令也可以载入通道中的选区。如果当前图像中已存在选区，则载入的选区还可以与现有选区进行并集、差集或交集运算。

8.2.11　分离与合并通道

分离与合并通道操作有着重要的应用。例如，存储图像时，许多文件格式不支持 Alpha 通道和专色通道。这时，可将 Alpha 通道和专色通道从图像中分离出来，单独存储为灰度图像。必要时再将它们合并到原有图像中。另外，将图像的各个通道分离出来单独保存，可以有效地减少单个文件所占用的磁盘空间，便于移动存储。

1. 分离通道

利用【通道】面板菜单中的【分离通道】命令，可将颜色通道、Alpha 通道和专色通道依次从文档中分离出来，形成各自独立的灰度图像。通道分离后，原图像文件自动关闭。

2. 合并通道

利用【通道】面板菜单中的【合并通道】命令，可以将多个处于打开状态且具有相同像素尺寸的灰度图像合并为一个图像。

【视频操作】

(1) 打开图像"第 8 章素材 \ 长城 .psd"(图 8.43) 与"幕布 .jpg"(图 8.44)。

(2) 选择"长城 .psd"，在【通道】面板菜单中选择【分离通道】命令，将该图像的 4 个通道 (包括一个 Alpha 通道) 分离出来。

图 8.43　素材图像——长城

图 8.44　素材图像——幕布

（3）关闭从 Alpha 通道分离出来的灰度图像（文件标签上标有"长城.psd_Alpha1"字样）。其他三个灰度图像如图 8.45 所示（文件标签上分别包含"长城.psd_红""长城.psd_绿"和"长城.psd_蓝"字样，依次来自于原图像的红色、绿色和蓝色通道）。

图 8.45　从"长城"图像分离出单色通道的灰度图像

（4）选择"幕布.jpg"，同样将其三个单色通道分离出来，如图 8.46 所示。

图 8.46　从"幕布"图像分离出单色通道的灰度图像

（5）在【通道】面板菜单中选择【合并通道】命令，打开【合并通道】对话框。从【模式】下拉列表中选择合并后图像的颜色模式（本例选择"RGB 颜色"），在【通道】文本框中输入所需通道的数目（本例输入 3），如图 8.47 所示。

（6）单击【确定】按钮，弹出【合并 RGB 通道】对话框，要求为新图像的每个单色通道选择灰度图像。本例参数设置如图 8.48 所示。

图 8.47　【合并通道】对话框　　　　　图 8.48　为单色通道选择灰度图像

（7）单击【确定】按钮，参与合并的灰度图像自动关闭。合并后的 RGB 图像如图 8.49 所示。

【参考图文】

图 8.49　合成图像效果

(8) 将其余三个灰度图像也合并为 RGB 图像，设置每个单色通道所对应的灰度图像，如图 8.50 所示。合并后的 RGB 图像如图 8.51 所示。

【参考图文】

图 8.50　合成剩余的三个灰度图像　　　　图 8.51　合并后的效果

8.3　通道应用案例

8.3.1　通道抠图——抠选透明对象与细微的对象

1．案例说明

本例主要利用通道技术抠选透明对象 (沙滩上的水) 和细微的对象 (乐器的弦)，并借助图层蒙版对选出的图像进行合成。

2．操作步骤

(1) 打开图像"第 8 章素材 \ 海滩 .jpg"，如图 8.52 所示。依次按 Ctrl+3、Ctrl+4 和 Ctrl+5 组合键，观察图像的红、绿、蓝三个颜色通道，发现蓝色通道中沙滩上的水比较清晰。

【视频操作】

(2) 在【通道】面板上复制蓝色通道，得到"蓝 拷贝"通道，如图 8.53 所示。

图 8.52　素材图像——海滩

图 8.53　复制蓝色通道

(3) 选择【图像】|【调整】|【色阶】命令，打开【色阶】对话框，对"蓝 拷贝"通道中的灰度图像进行调整。参数设置和调整效果如图 8.54 所示。设置完成后单击【确定】按钮。

图 8.54　调整"蓝 拷贝"通道的色阶

　　(4) 将前景色设为黑色。选择画笔工具，画笔大小设置为 150 像素左右 (其他参数保持默认)，将"蓝 拷贝"通道灰度图像中的天空、远处的水面及海岸全部涂抹成黑色，如图 8.55 所示。

　　(5) 按 Ctrl+2 组合键选择复合通道，并显示【图层】面板。

　　(6) 打开图像"第 8 章素材 \ 人物 8-01.jpg"，如图 8.56 所示。通过按 Ctrl+3、Ctrl+4 和 Ctrl+5 组合键，发现绿色通道中人物和乐器与背景颜色的差别较大。

图 8.55　删除通道中多余的选区　　　　　图 8.56　人物素材图像

　　(7) 在【通道】面板中复制绿色通道，得到"绿 拷贝"通道。

　　(8) 通过选择【图像】|【调整】|【色阶】命令，对"绿 拷贝"通道进行调整。参数设置如图 8.57 所示，调整效果如图 8.58 所示。

图 8.57　【色阶】对话框参数设置　　　　图 8.58　"绿 拷贝"通道调整效果

(9) 将灰度图像适当放大，使用画笔工具将人物上的灰色区域全部涂抹成黑色，如图 8.59 所示。在涂抹过程中，按住空格键不放可临时切换到抓手工具，拖动查找图像中的灰色区域。根据灰色区域的大小，还可以按] 键或 [键以调整画笔的大小。

(10) 选择【图像】|【调整】|【反相】命令，得到如图 8.60 所示的效果。

(11) 按住 Ctrl 键，在【通道】面板上单击"绿 拷贝"通道的缩览图，载入通道选区。

(12) 按 Ctrl+2 组合键返回复合通道。显示【图层】面板，按 Ctrl+C 组合键复制背景层选区内的图像。

(13) 切换到图像"海滩 .jpg"，按 Ctrl+V 组合键粘贴，得到图层 1，如图 8.61 所示。

图 8.59 将人物全部涂成黑色

图 8.60 反相效果

图 8.61 粘贴图像

(14) 在【图层】面板上为图层 1 添加显示全部的图层蒙版。

(15) 按住 Ctrl 键在【通道】面板上单击"蓝 拷贝"通道的缩览图，载入通道选区。

(16) 将前景色设置为黑色。确保图层 1 处于蒙版编辑状态，按 Alt+Backspace(回格) 组合键将前景色填充到蒙版的选区内 (图 8.62)。按 Ctrl+D 组合键取消选区。

图 8.62 编辑图层蒙版

(17) 将前景色设置为白色。确保图层 1 处于蒙版编辑状态。使用画笔工具 (硬度设置为 0%) 将人物衣服上的水面适当涂抹掉一些 (使水面看起来较浅)。图像最终效果如图 8.63 所示。

(18) 存储合成后的图像。关闭素材文件，不保存改动。

【参考图文】

图 8.63　图像最终合成效果

8.3.2　通道抠图——抠选婚纱

1. 案例说明

本例素材图像中，婚纱和鲜花上的薄绢具有一定的透明度，不宜采用选择工具、路径工具等进行选取。下面介绍如何使用通道将透明婚纱恰到好处地抠选出来。

2. 操作步骤

（1）打开图像"第 8 章素材 \ 人物 8-02.jpg"，如图 8.64 所示。

（2）使用磁性套索工具选择除透明婚纱和鲜花上的薄绢之外的整个人物。若局部选区不精确，可使用套索工具、快速蒙版等进行修补，如图 8.65 所示。

【视频操作】

图 8.64　素材图像

图 8.65　选择人物

（3）在【通道】面板上单击【将选区存储为通道】按钮，将选区存储于 Alpha 1 通道，如图 8.66 所示。按 Ctrl+D 组合键取消选区。

（4）用磁性套索工具选择透明婚纱和鲜花上的薄绢。其中与背景接触的边界应精确选取，与人物接触的边界可粗略选取（但要包括透明婚纱和薄绢的所有部分），如图 8.67 所示。

图 8.66　存储选区

图 8.67　创建婚纱和薄绢的粗略选区

(5) 选择【选择】|【载入选区】命令，打开【载入选区】对话框，参数设置如图 8.68 所示。单击【确定】按钮，结果得到婚纱和薄绢的精确选区，如图 8.69 所示。

图 8.68　【载入选区】参数设置

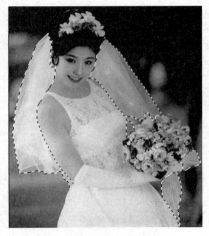

图 8.69　选区运算结果

(6) 依次按 Ctrl+3、Ctrl+4 和 Ctrl+5 组合键，观察图像的红、绿、蓝三个颜色通道，发现蓝色通道中的婚纱和薄绢比较清晰。

(7) 显示【通道】面板，复制蓝色通道，得到"蓝 拷贝"通道。选择【选择】|【反向】命令，使选区反转。

(8) 使用【编辑】|【填充】命令在选区内填充黑色。按 Ctrl+D 组合键取消选区，如图 8.70 所示。

(9) 选择右侧的婚纱，如图 8.71 所示。选择【图像】|【调整】|【色阶】命令，打开【色阶】对话框，对"蓝 拷贝"通道中当前选区内的灰度图像进行调整。参数设置如图 8.72 所示，单击【确定】按钮。此处色阶调整的目的在于为婚纱选区确定一个合适的透明度与对比度。

图 8.70　在通道中初步创建婚纱选区　　　　　　　图 8.71　选择右侧婚纱

(10) 选择【选择】|【反向】命令，使选区反转。使用【色阶】命令对左侧婚纱的灰度图像进行调整。参数设置及图像效果如图 8.73 所示。按 Ctrl+D 组合键取消选区。

图 8.72　【色阶】参数设置　　　　　　图 8.73　调整左侧婚纱的透明度与对比度

(11) 按住 Ctrl 键，在【通道】面板上单击"蓝 拷贝"通道的缩览图，载入选区。然后按住 Ctrl+Shift 组合键，单击 Alpha 1 通道的缩览图，将 Alpha 1 通道的选区添加到当前选区。这样得到整个人物图像的选区，如图 8.74 所示。

(12) 按 Ctrl+2 组合键选择复合通道。显示【图层】面板，将背景层转化为普通层，命名为"婚纱照"。单击【添加图层蒙版】按钮 ，为"婚纱照"层添加显示选区的蒙版，如图 8.75 所示。

图 8.74　通道选区的并集运算　　　　　　　　图 8.75　添加图层蒙版

(13) 打开图像 "第 8 章素材 \ 背景 .jpg"。切换到 "人物 8-02.jpg"，通过选择【图层】面板菜单中的【复制图层】命令将 "婚纱照" 层复制到 "背景 .jpg" 中。

(14) 如果在婚纱与人物接界处存在透明缝隙，可通过图层蒙版进行修补 (将前景色设置为白色。选择铅笔工具，设置画笔大小为 1 ～ 2 像素，不透明度为 50% 左右。确保人物层处于蒙版编辑状态，沿着透明缝隙进行涂抹修复)。

(15) 适当调整人物图层的位置，图像最终合成效果如图 8.76 所示。

【参考图文】

图 8.76　图像最终合成效果

8.4　通道高级应用

8.4.1　【应用图像】命令的使用

使用【应用图像】命令可以将通道与图层、通道与通道进行混合，制作图像合成效果，或创建特定的选区。下面举例说明。

1. 准备工作

(1) 打开图像 "第 8 章素材 \ 文字 .jpg"，如图 8.77 所示。

(2) 在【通道】面板面板上复制红、绿、蓝任一颜色通道 (三个通道完全相同)，将复制出的通道更名为 Alpha 1，如图 8.78 所示。

【视频操作】

图 8.77　素材图像 "文字 .jpg"

图 8.78　复制通道

（3）在 Alpha 1 通道上添加【高斯模糊】滤镜，设置模糊半径为 1.4。

（4）选择【滤镜】|【风格化】|【浮雕效果】命令，在弹出的对话框中进行参数设置，如图 8.79 所示，单击【确定】按钮。此时 Alpha 1 通道的效果如图 8.80 所示。

图 8.79　【浮雕效果】对话框　　　　　　图 8.80　添加滤镜后的 Alpha 1 通道

2. 使用【应用图像】命令合成图像

（1）打开图像"第 8 章素材\背景 02.jpg"（该图像与"文字 .jpg"具有相同的像素尺寸），如图 8.81 所示。

图 8.81　素材图像"背景 02.jpg"

（2）选择【图像】|【应用图像】命令，打开【应用图像】对话框，如图 8.82 所示。

（3）选择【预览】复选框，以便参数更改后的效果能实时反馈到图像窗口。对话框中其他参数的作用如下。

【源】：选择参与混合的源图像。默认选项为当前图像（目标图像）。在该下拉列表中列出的都是已经打开且与当前图像具有相同像素尺寸的文档。

【图层】：选择参与混合的源图像的某一图层（源图层）。当源图像中存在多个图层时，可选择某一图层与目标图像进行混合。若要使用源图像的所有图层进行混合，应在列表中选择"合并图层"选项。

【通道】：选择参与混合的源图层的某个颜色通道或 Alpha 通道（源通道）。若选择 Alpha 通道，则在上面的【图层】列表中选择哪个图层就无关紧要了。选择右侧的【反相】复选框，可使用源通道的负片进行混合。

【混合】：设置源通道与目标图层（或通道）的混合方式。

【不透明度】：设置混合的强度。数值越大，混合效果越强。

【保留透明区域】：选择该复选框，混合效果仅应用到目标图层（即当前图像的被选图层）的不透明区域。若目标对象为背景层或通道，则该选项无法使用。

本例中对话框的上述参数设置如图 8.83 所示。此时的图像效果如图 8.84 所示。

图 8.82　【应用图像】对话框

图 8.83　设置对话框参数

(4) 在【应用图像】对话框中选择【蒙版】复选框，并设置蒙版参数，如图 8.85 所示 (其中【通道】参数可从 "灰色" "红" "绿" "蓝" 选项中任选一个)。扩展参数包括三个下拉列表和一个复选框，用于在当前的混合效果上添加一个蒙版，以控制混合效果的显隐区域。若选择后面的【反相】复选框，则使用所选通道的负片作为蒙版。

图 8.84　初步合成效果

图 8.85　设置蒙版参数

使用蒙版后的图像混合效果如图 8.86 所示。

图 8.86　凹陷效果

(5) 在对话框中选择源通道 Alpha 1 右侧的【反相】复选框，其他设置不变，则图像混合效果如图 8.87 所示。

(6) 参数设置完成后，单击【确定】按钮得到混合后的图像。

图 8.87　凸出效果

8.4.2　【计算】命令的使用

【视频操作】

　　　　使用【计算】命令可以将来自相同或不同源图像的两个通道进行混合，并将混合的结果存储到新文档、新通道或直接转换为当前图像的选区。参与计算的各源图像必须具有相同的像素尺寸。下面举例说明。

(1) 打开"第 8 章素材"文件夹下的"百合 .jpg"与"人物 8-04.jpg"图像，如图 8.88 所示。

图 8.88　素材图像

(2) 选择【图像】|【计算】命令，打开【计算】对话框，如图 8.89 所示。

(3) 在【源 1】栏选择第一个源图像及其图层和通道。

① 对于多图层图像来说，要使用源图像的所有图层进行混合，可在【图层】下拉列表中选择"合并图层"选项。

② 在【通道】下拉列表中选择"灰色"选项，将使用所选图层的灰度图像作为要混合的通道。

(4) 在【源 2】栏选择第二个源图像及其图层和通道。

(5) 在【混合】栏指定混合模式、混合强度及蒙版。

(6) 在【结果】下拉列表中指定混合结果的存放途径 (新建文档、新通道还是直接在当前图像中生成选区)。

① "新建文档"：将计算结果存放到多通道颜色模式的新图像。

② "新建通道"：将计算结果存放到当前图像的一个新建 Alpha 通道中。

③ "选区"：将计算结果直接转换为当前图像的选区。

本例中对话框参数设置如图 8.89 所示，单击【确定】按钮，生成多通道颜色模式的新图像，如图 8.90 所示。

图 8.89　【计算】对话框　　　　　　　　图 8.90　图像混合效果

(7) 将多通道颜色模式的新图像先转换为灰度模式，再转换为双色调模式，可得到如图 8.91 所示的蓝色调和紫色调效果。

(8) 将色调图像转化为 RGB 颜色模式，并以 JPG 格式进行保存。

【参考图文】

蓝色调 (颜色值为 # 3333FF)　　　　　　紫色调 (颜色值为 # CC33FF)

图 8.91　进一步制作色调图像

小　　结

本章主要讲述了以下内容：

(1) 通道的概念与分类。通道是存储图像颜色信息或选区信息的灰度图像。它包括颜色通道、Alpha 通道和专色通道等几种类型。

(2) 通道的基本操作。基本操作主要包括选择通道、显示与隐藏通道、新建通道、重命名通道、复制通道、删除通道、替换通道、存储选区与载入选区、分离与合并通道等。熟练地掌握这些基本操作，是学会使用通道的前提条件。

(3) 通道的应用。这里主要介绍了使用通道抠选细微对象与透明对象的基本方法，比较实用，应掌握。

(4) 通道的高级应用。在高级应用中介绍了【应用图像】命令和【计算】命令的用法，可先做了解，慢慢掌握。

通过本章和前面相关章节的学习不难得出结论：选区、蒙版和 Alpha 通道三者的关系非常密切。其相互转换关系如图 8.92 所示。

图 8.92 选区、蒙版与通道的联系

Alpha 通道是选区的载体，可以将其中的选区载入到图像中。

快速蒙版用于创建和编辑选区，图层蒙版用于控制图层的显示。按住 Ctrl 键单击图层蒙版的缩览图可载入其中的选区。另外，通过复制快速蒙版通道和图层蒙版通道，可将快速蒙版和图层蒙版转换为 Alpha 通道。

选区可以看作一种临时性的蒙版，用户只能修改选区内的像素，选区外的像素被保护起来；一旦取消选区，这种所谓的临时蒙版也就不存在了。要实现选区的多次重复使用，可以将选区存储在 Alpha 通道中。另外，可以基于选区创建图层蒙版。

本章理论部分未提及的知识点：

按住 Ctrl+Shift 组合键，单击通道的缩览图，可将载入的选区添加到图像的原有选区。当然，也可以通过【载入选区】命令达到同样的目的 (掌握)。

习　题

一、选择题

1．图像中颜色通道的多少由图像的 _____ 决定。

　　A．图层个数　　B．颜色模式　　　　C．图像大小　　　　D．色彩种类

2．在印刷中，有一些特殊的颜色如金色、银色和荧光色等，不能由青、洋红、黄和黑四色油墨简单地混合而成，印刷上将这类特殊的颜色称为 _____。

　　A．有彩色　　　B．专色　　　　　　C．无彩色　　　　　D．灰色

3．在 Photoshop 中，下列 _____ 的图像只有一个通道。

　　A．位图模式、灰度模式、RGB 模式、Lab 模式

　　B．位图模式、灰度模式、双色调模式、多通道模式

C. 位图模式、灰度模式、双色调模式、索引颜色模式

D. 灰度模式、双色调模式、索引颜色模式、CMYK 模式

4. 以下对通道叙述错误的是 _____。

A. 通道用于存储图像的颜色信息或选区信息

B. 可以在【通道】面板上创建颜色通道、Alpha 通道和专色通道

C. Alpha 通道一般用于存储选区和编辑选区

D. Alpha 通道与蒙版和选区有着密切的关系

5. 以下从 Alpha 通道载入选区的叙述错误的是 _____。

A. 按住 Ctrl+Shift 组合键，单击通道缩览图，可将载入的选区添加到图像的原有选区

B. 按住 Ctrl+Alt 组合键，单击通道缩览图，可从图像的原有选区减去载入的通道选区

C. 按住 Ctrl+Shift+Alt 组合键，单击通道缩览图，可将载入的选区与原有选区进行交集运算

D. 按住 Ctrl 键单击通道缩览图，可将载入的选区添加到图像的原有选区

6. CMYK 模式的图像有 _____ 个颜色通道。

A. 1　　　　　　　　B. 2　　　　　　　　C. 3　　　　　　　　D. 4

7. 当图像是 _____ 时，所有的滤镜都不可以使用 (假设图像是 8 位 / 通道)。

A. CMYK 模式　B. 灰度模式　　　　　C. 多通道模式　　　　D. 索引颜色模式

8. 一幅 CMYK 图像，其通道名称分别为 CMYK、青色、洋红、黄色、黑色，当删除黄色通道后通道面板中的各通道名称分别为 _____。

A. 青色、洋红、黑色　　　　　　B. ～ 1、～ 2、～ 3

C. CMYK、青色、洋红、黑色　　　D. ～ 1、～ 2、～ 3、～ 4

9. 下面对通道的描述不正确的是 _____。

A. 在图像中除了颜色通道外，还可生成新的 Alpha 通道

B. 可将通道复制到位图模式的图像中

C. 可以将多个像素大小相同的灰度图像合并为一个图像的通道

D. 当新建文件时，颜色信息通道已经自动建立

10. _____ 的图像转换为多通道模式时，所产生的通道的名称均包含 Alpha。

A. CMYK 模式　　　　　　　　B. Lab 模式

C. RGB 模式　　　　　　　　　D. 灰度模式

二、填空题

1. 通道是存储不同类型信息的灰度图像。它分为 _____ 通道、_____ 通道和专色通道等几种，分别用来存放图像中的 _____ 信息、_____ 信息和专色信息。

2. RGB 图像的颜色通道包括 _____ 通道、_____ 通道、_____ 通道和复合通道。

3. _____ 是指印刷中 C(青)、M(洋红)、Y(黄)、K(黑) 四色油墨之外的特殊的预混油墨，其作用是替代或补充印刷色 (CMYK) 油墨。

4．使用【图像】菜单下的【＿＿＿＿＿＿】命令可以将其他图像的图层和通道（源）与当前图像的图层和通道（目标）进行混合，制作特殊效果的图像。

5．使用【图像】菜单下的【＿＿＿＿＿＿】命令可以将来自相同或不同源图像的两个通道进行混合，并将混合的结果存储到新建文档、新通道或直接转换为当前图像的选区。

6．通过【选择】菜单下的【＿＿＿＿＿＿】命令，可以将现有选区存储到 Alpha 通道中，从而实现选区的多次复用。

7．按住 ＿＿＿＿＿＿ 组合键，单击通道的缩览图，可将载入的选区添加到图像的原有选区。

8．利用【通道】面板菜单中的【＿＿＿＿＿＿】命令，可将颜色通道、Alpha 通道和专色通道依次从文档中分离出来，形成各自独立的灰度图像。

9．利用【通道】面板菜单中的【＿＿＿＿＿＿】命令，可以将多个处于打开状态且具有相同像素尺寸的灰度图像合并为一个图像。

三、操作题

1．打开素材图像"练习 \ 第 8 章 \ 素材 8-01.jpg"（图 8.93），查看颜色通道，分析红、绿、蓝各原色在图像中的含量与分布情况。

图 8.93 素材图像

2．利用"练习 \ 第 8 章"文件夹下的素材图像"幻境 .jpg""天坛 .jpg"和【应用图像】命令制作如图 8.94(b) 所示的效果（彩色效果图可参考"练习中的操作题参考答案 \ 第 8 章 \ 幻境（合成）.jpg"）。

(a) 素材图像　　　　　　　　　　(b) 合成效果

图 8.94 利用【应用图像】命令合成图像

操作提示：

(1) 将"天坛 .jpg"的绿色通道复制到"幻境 .jpg"中，形成 Alpha 1 通道。

(2) 移动 Alpha 1 通道中灰度图像的位置，适当放大，并使"天坛"恰好位于"球体"正中。

(3) 选择复合通道，切换到【图层】面板。使用椭圆选框工具框选图像中的"球体"。

(4) 按 Ctrl + J 组合键，将"球体"从背景层复制到图层 1。

(5) 确保图层 1 为当前层。使用【应用图像】命令将 Alpha 1 通道应用到图层 1。【应用图像】对话框的参数设置如图 8.95 所示。

(6) 在图层 1 上添加图层蒙版，并在图层蒙版上从上向下做黑白线性渐变，如图 8.96 所示。

图 8.95　【应用图像】对话框的参数设置

图 8.96　添加图层蒙版

3．仿照本章透明婚纱的抠图方法，抠选图像"练习 \ 第 8 章 \ 酒杯 .jpg"（图 8.97）中的玻璃杯，结果如图 8.98 所示（以"练习 \ 第 8 章 \ 芍药 .jpg"为背景）。

【参考图文】

图 8.97　素材图像——玻璃杯

图 8.98　抠图效果

第 9 章

动　作

教学要求

- 掌握动作的录制、播放与停止等基本操作，能够在图像处理中有意识地使用动作提高操作效率。
- 了解本章有关动作的其他操作。

教学难点

- 动作的编辑修改。

9.1　动作概述

动作是一系列操作的集合。利用动作可以将一些连续的操作记录下来。当需要再次执行相同的操作时，只需播放相应的动作即可。这样可以避免重复劳动，提高工作效率。

通常为了便于动作的组织管理，同类的动作应放在同一个动作组中。动作的录制、编辑和播放都是在【动作】面板中进行的。【动作】面板如图 9.1 所示。

【动作】面板有两种显示模式：列表模式 (默认模式，如图 9.1 所示) 和按钮模式 (图 9.2)。通过选择和取消选择【动作】面板菜单中的【按钮模式】命令，可以在上述两种模式之间切换。按钮模式比较直观，单击动作按钮就可以播放相应的动作，但不能对动作进行编辑。本章是在【动作】面板的列表模式下介绍动作的基本操作和应用的。

图 9.1　【动作】面板

图 9.2　【动作】面板的按钮模式

9.2　动作基本操作

9.2.1　新建动作组

在【动作】面板上单击【创建新组】按钮，或在【动作】面板菜单中选择【新建组】命令，打开【新建组】对话框 (图 9.3)，输入组名称，单击【确定】按钮。

9.2.2　新建和录制动作

在【动作】面板上单击【创建新动作】按钮，或在【动作】面板菜单中选择【新建动作】命令，打开【新建动作】对话框，如图 9.4 所示。

图 9.3　【新建组】对话框

图 9.4　【新建动作】对话框

在对话框中输入新动作名称，选择动作所在的组，单击【记录】按钮。此时【动作】面板上的【开始记录】按钮自动被选中且呈现红色，表示进入动作录制状态。此后执行的命令将依次记录在对应的动作中，直到单击【动作】面板上的【停止播放/记录】按钮■，或在【动作】面板菜单中选择【停止记录】命令为止。

9.2.3　播放动作

打开目标图像，在【动作】面板上选择要播放的动作，单击【播放】按钮▶，即可播放选定的动作。若选择的是动作中的单个命令（图9.5)，单击【播放】按钮▶，则仅播放该动作中所选命令和其后的所有命令。

在播放动作之前，最好在【历史记录】面板上建立一个当前图像的快照。这样，动作播放后，若想撤销动作，只需在【历史记录】面板上选择所创建的快照即可。否则，动作中包含的命令一般很多，撤销起来非常麻烦，甚至无法恢复到动作播放前的图像状态。

提示

在动作中每一条命令左侧的【切换项目开/关】处，有"√"标记的表示会被执行的命令，无"√"标记的表示不被执行的命令。通过单击【切换项目开/关】处可在两者之间切换。

9.2.4　设置回放选项

当一个长的、复杂的动作不能够正确播放，又找不出问题的所在时，可以通过【回放选项】命令设置动作的播放速度，以便找出问题所在，具体操作方法如下。

选择要播放的动作，在【动作】面板菜单中选择【回放选项】命令，打开【回放选项】对话框（图9.6)。参数设置完毕后，单击【确定】按钮。【回放选项】对话框的参数作用如下。

图 9.5　选择动作中单个命令

图 9.6　【回放选项】对话框

【加速】：以正常的速度进行播放，该选项为默认选项。

【逐步】：逐条执行动作中的命令，播放速度较慢。

【暂停】：可以设置动作中每个命令执行后的停顿时间。

9.2.5　在动作中插入新的命令

在动作中插入新的命令的操作方法如下。

(1) 选择动作中的某个命令。

(2) 单击●按钮或在【动作】面板菜单中选择【开始记录】命令。

(3) 执行要添加的命令或操作。

(4) 单击■按钮或在【动作】面板菜单中选择【停止记录】命令，则步骤(3)中执行的命令或操作被记录在动作中所选命令的下面。

若插入命令前选择的是某个动作，则插入的命令或操作被记录在该动作的最后。

9.2.6 复制动作

在【动作】面板上，可以采用下述方法之一复制动作。

(1) 选择要复制的动作，在【动作】面板菜单中选择【复制】命令。

(2) 将要复制的动作拖动到【创建新动作】按钮 上。

9.2.7 删除动作

在【动作】面板上，可以采用下述方法之一删除动作。

(1) 选择要删除的动作，在【动作】面板菜单中选择【删除】命令，弹出警告框，单击【确定】按钮。

(2) 选择要删除的动作，单击【删除】按钮 ，弹出警告框，单击【确定】按钮。

(3) 将要删除的动作拖动到【删除】按钮 上。

也可以使用类似的方法删除动作组和动作中的单个命令。

9.2.8 在动作中插入菜单项目

在录制动作时，有些菜单命令(如【视图】、【窗口】菜单中的绝大多数命令)是不能被记录的。但是，在动作录制完成后，可以使用【插入菜单项目】命令将这些不能被记录的菜单命令插入到动作的相应位置，具体操作如下。

(1) 选择动作中的某个命令。

(2) 在【动作】面板菜单中选择【插入菜单项目】命令，打开【插入菜单项目】对话框，如图 9.7 所示。

(3) 选择要插入到动作中的菜单命令。

(4) 在对话框中单击【确定】按钮，则步骤 (3) 中执行的菜单命令被记录在所选命令的下面。

图 9.7 【插入菜单项目】对话框

插入菜单项目时，所选择的菜单命令当时并不会被执行，命令的任何参数也不会被记录在动作中。只有在播放动作时，插入的命令才被执行。也就是说，如果插入的菜单命令包含对话框，插入菜单项目时对话框并不会打开。只有播放动作时，对话框才弹出来，同时动作暂停播放，直到设置好对话框参数，并确认后，才继续执行插入的命令和动作中后续的一些命令。

提示

也可以在动作录制过程中，使用【插入菜单项目】命令插入不能被记录的命令。

9.2.9　在动作中插入停止命令

在录制动作时，除了一些菜单命令不能记录外，还有一些操作 (如绘画与填充工具的使用等) 同样不能被记录。在动作录制完成后，可以使用【插入停止】命令解决这个问题，具体操作如下。

(1) 选择动作中的某个命令。

(2) 在【动作】面板菜单中选择【插入停止】命令，打开【记录停止】对话框，如图 9.8 所示。在【信息】文本框内输入动作停止时的提示信息，单击【确定】按钮。

播放动作时，当执行到插入的停止命令时将弹出【信息】对话框 (图 9.9)，单击【停止】按钮，可暂停动作的执行，按提示以手动方式执行不能被记录的操作，然后单击【动作】面板的▶按钮，继续执行动作的后续的命令。如果在上述步骤 (2) 的【记录停止】对话框中选择了【允许继续】复选框，则【信息】对话框中除了【停止】按钮外，还包含【继续】按钮，如图 9.9 所示。单击【继续】按钮，动作将继续执行。也就是说，动作在执行到插入的停止命令时用户可以不插入任何操作。

提示

也可以在动作录制过程中，使用【插入停止】命令在动作的相应位置插入停止。

图 9.8　【记录停止】对话框

图 9.9　【信息】对话框

9.2.10　设置对话控制

如果在动作中的某条命令上启用了对话控制，则动作播放到该命令时将暂停播放，并打开对话框，供用户重新设置对话框的参数，或者在图像中出现编辑区，供用户以不同的方式重新修改图像。如果不使用对话控制，那么动作中的每条命令只能以录制时的参数设置执行。启用对话控制的方法如下。

(1) 在【动作】面板上展开要设置对话控制的动作。

(2) 在要设置对话控制的命令前单击【切换对话开 / 关】标记，出现图标，表示已启用了对话控制 (在图标上再次单击，可取消对话控制)，如图 9.10 所示。

图 9.10　启用对话控制

9.2.11　更改动作名称

在【动作】面板上，双击动作的名称，输入新的名称，按 Enter 键或在【名称】编辑框外单击即可完成动作名称的更改。使用同样的方式可以更改动作组的名称。

9.2.12　保存动作组

Photoshop 允许创建大量的动作，并分类存储到各动作组中。一般情况下，只要不删除，这些动作将一直保留在【动作】面板上。但是，大量的动作为查看和选取动作带来了诸多不便，应该将不常使用的动作组保存到文件中，然后将其从【动作】面板上删除，需要时再将它们重新载入。保存动作组的方法如下。

(1) 在【动作】面板上选择要保存的动作组。

(2) 在【动作】面板菜单中选择【存储动作】命令，弹出【另存为】对话框，如图 9.11 所示。

图 9.11　【另存为】对话框

(3) 在对话框中选择保存路径，输入文件名，单击【保存】按钮即可将该动作组以 ATN 格式保存在指定的位置。

一般可将动作的保存路径设为 "…Adobe\Photoshop CC\Presets(预设)\Actions(动作)\"。这样，重新启动 Photoshop CC 之后，被保存的动作组会显示在【动作】面板菜单的底部，必要时即可载入。

9.2.13　载入动作

使用【载入动作】命令可以将用户保存的动作及 Photoshop 的预置动作载入到【动作】面板中，在需要时进行播放。载入动作的方法如下。

(1) 在【动作】面板菜单中选择【载入动作】命令，弹出【载入】对话框，如图 9.12 所示。

(2) 在对话框中选择要载入的动作组文件，单击【载入】按钮。

(3) 对于位于 "…Adobe\Photoshop CC\Presets(预设)\Actions(动作)\" 下的动作组文件，直接从【动作】面板菜单的底部选择即可。

图 9.12　【载入】对话框

9.3　动作应用案例

9.3.1　制作玻璃镜框

本例学习玻璃镜框的制作，涉及动作的录制、修改、播放与保存等操作。本例的学习对于掌握动作的基本用法大有帮助。

1. 录制动作

【视频操作】

(1) 打开图像"第 9 章素材 \ 精品茶具 9-01.jpg"，如图 9.13 所示。

(2) 在【动作】面板上新建动作组 mySet。

(3) 在【动作】面板上单击【创建新动作】按钮，弹出【新建动作】对话框。输入动作名称"制作玻璃镜框"，选择该动作所属的动作组 mySet (图 9.14)，单击【记录】按钮，开始录制动作。

图 9.13　素材图像

图 9.14　【新建动作】对话框

(4) 将"精品茶具 9-01"的背景层转化为普通层，命名为"画面"，如图 9.15 所示。

(5) 在【图层】面板菜单中选择【新建图层】命令，打开【新建图层】对话框，输入图层名称"背景"，单击【确定】按钮。

(6) 通过选择【编辑】|【填充】命令将"背景"层填充为白色。

(7) 在【图层】面板上，将"背景"层拖动到"画面"层的下面，并重新选择"画面"层。

图 9.15　将背景层转为普通层

(8) 在【图层】面板上单击【添加图层蒙版】按钮 ，为"画面"层添加显示全部的图层蒙版，如图 9.16 所示。

图 9.16　添加图层蒙版

(9) 使用椭圆选框工具创建选区，并调整好选区位置，如图 9.17 所示。

(10) 选择【选择】|【反向】命令，使选区反转。

(11) 确保"画面"层处于蒙版编辑状态，通过选择【编辑】|【填充】命令在图层蒙版的选区内填充黑色，按 Ctrl+D 组合键取消选区，如图 9.18 所示。

图 9.17　创建椭圆选区

图 9.18　填充蒙版

(12) 确保"画面"层处于蒙版编辑状态，通过滤镜库为蒙版添加【玻璃】滤镜，其参数设置如图 9.19 所示，图像效果如图 9.20 所示。

图 9.19　【玻璃】滤镜参数设置

图 9.20　【玻璃】滤镜效果

(13) 使用裁切工具裁剪图像，使椭圆镜框周围白色区域的大小对称，如图 9.21 所示。

(14) 在【动作】面板上单击■按钮，停止动作的录制。在"制作玻璃镜框"动作中录制的所有命令如图 9.22 所示。

图 9.21　裁剪图像

图 9.22　完成后的整个动作

2. 编辑动作

(1) 在【动作】面板上，选择"制作玻璃镜框"动作的第一个命令"设置背景"。

(2) 在【动作】面板菜单中选择【插入菜单项目】命令，打开【插入菜单项目】对话框。

(3) 选择【视图】|【按屏幕大小缩放】命令。单击【确定】按钮，关闭【插入菜单项目】对话框。此时，在"设置背景"命令的后面插入了"选择 按屏幕大小缩放菜单项目"命令，如图 9.23 所示。

【视频操作】

(4) 在【动作】面板上，将"选择 按屏幕大小缩放菜单项目"命令拖动到"设置 背景"命令的上面。

提示

在动作开始插入"按屏幕大小缩放"命令的目的是尽量放大显示图像，而且图像窗口不出现滚动条，使后续的图像编辑变得更方便。

(5) 删除动作中有关创建和调整椭圆选区的两条命令"设置 选区"和"移动 选区"。

(6) 选择动作中有关添加图层蒙版的命令"建立"。

(7) 在【动作】面板菜单中选择【插入停止】命令，打开【记录停止】对话框，进行参数设置，如图 9.24 所示，单击【确定】按钮。这样就在"建立"命令的下面插入了"停止"命令。

图 9.23　插入菜单项目　　　　　　图 9.24　设置【记录停止】对话框

 提示

　　由于不同图像的像素尺寸不同，因此不能采用同样大小和位置的椭圆选区。在动作中删除"设置 选区"和"移动 选区"命令，并插入停止命令，可以在动作回放时暂停动作的执行，根据图像的大小和画面内容创建不同的镜框选区(形状也不一定是椭圆)。

　　(8)在动作中有关应用玻璃滤镜和裁剪图像的命令"滤镜库"和"裁剪"上启用对话控制。

 提示

　　这里所启用的对话控制，目的是在播放动作时能够重新设置玻璃滤镜的参数和裁剪控制框的大小与位置，以满足不同图像的需要。

　　至此，动作的编辑完成。修改后的"制作玻璃镜框"动作如图 9.25 所示。图中标出了所有改动的地方。

　　3. 播放动作

　　(1)打开图像"第 9 章素材 \ 精品茶具 9-02.jpg"，如图 9.26 所示。

【视频操作】

图 9.25　修改后的动作　　　　　图 9.26　素材图像

　　(2)在【动作】面板上选择已修改过的动作"制作玻璃镜框"，单击【播放】按钮▶，开始播放动作。

　　(3)当动作播放到"停止"命令时，弹出【信息】对话框，如图 9.27 所示。

　　(4)单击【停止】按钮，关闭信息框。在图像中创建椭圆选区，并调整到合适的大小和位置，如图 9.28 所示。

图 9.27　动作停止，等待用户操作　　　　　图 9.28　创建镜框选区

(5) 在【动作】面板上单击【播放】按钮▶，继续播放动作。接着弹出【玻璃】对话框，适当设置滤镜参数 (本例设置扭曲度为 2、平滑度为 2、纹理为"画布"、缩放为 80%、不选择【反相】复选框)，单击【确定】按钮，关闭对话框。

(6) 动作继续执行。紧接着图像窗口中出现裁剪控制框，如图 9.29 所示。

图 9.29　裁剪控制框

(7) 将裁剪控制框调整到合适的大小和位置，如图 9.30 所示。按 Enter 键执行裁切命令，同时动作播放完毕。图像最终效果如图 9.31 所示。

图 9.30　调整裁剪控制框　　　　　　图 9.31　玻璃镜框最终效果

【视频操作】

4.　保存动作

将动作组 mySet 保存在 "…Adobe\Photoshop CC\Presets(预设)\Actions (动作)\" 下，文件名为 "mySet.atn"。

9.3.2　操作的自动化

Photoshop CC 提供了一组自动化命令，如【批处理】、【创建快捷批处理】、【图片包 (Photomerge)】等。这些命令可以调用动作批量处理图像，因此能够节省大量的时间。下面以【批处理】命令为例，介绍自动化命令的使用。

【批处理】命令能够在文件夹上播放动作，批量处理文件夹内的所有图像文件，或者导入并处理由数码相机或扫描仪获取的大量图像文件。如果要将批处理后的文件存放到新的位置，最好在操作前创建好对应的文件夹。

1.　录制动作

(1) 在 D 盘 (或其他非系统盘) 根目录下创建文件夹 myImages。

(2) 启动 Photoshop，在【动作】面板上单击▣按钮，在弹出的对话框中输入动作名称 "处理图像大小"，选择该动作所属的动作组 mySet。单击【记录】按钮，开始录制动作。

【视频操作】

(3) 打开图像 "第 9 章素材 \srImages\photo01.jpg"，如图 9.32 所示。

(4) 通过选择【图像】|【图像大小】命令将图像的宽度与高度分别设置为 500 像素和 375 像素 (其他参数不变)。

(5) 将改动后的图像以原文件名和格式存储在 D：\myImages 下，并关闭图像。

(6) 在【动作】面板上单击▪按钮，停止录制。动作 "处理图像大小" 如图 9.33 所示。

图 9.32　素材图像

图 9.33　动作中的全部命令

2.　使用【批处理】命令批量处理图像

(1) 选择【文件】|【自动】|【批处理】命令，弹出如图 9.34 所示的对话框。

【视频操作】

图 9.34 【批处理】对话框

对话框中各项参数的作用如下。

【组】：选择动作所在的组。本例选择 mySet。

【动作】：选择要使用的动作。本例选择"处理图像大小"。

【源】：选择批处理的来源文件。本例选择"文件夹"。单击【选择】按钮，选择要处理的源图像文件所在的位置。本例选择"第 9 章素材 /srImages"。

【覆盖动作中的打开命令】：若所选动作中有"打开"命令，选择该复选框可确保能够逐个打开源图像文件进行处理，而不是局限于所选动作在录制时打开的单个文件。本例选择该复选框。

【包含所有子文件夹】：如果在所选文件夹中存在子文件夹，选择该复选框可对各级子文件夹中的图像文件进行相同的处理。

【禁止显示文件打开选项对话框】：选择该复选框，将隐藏批处理中要打开的文件选项对话框，统一使用对话框的默认设置或上一次的设置。

【禁止颜色配置文件警告】：当要处理的图像的色彩与动作录制时所调用的图像文件不同时，选择该复选框将不打开颜色警告对话框。

【目标】：选择批处理后的图像文件的存在方式。本例选择"文件夹"。

①"无"：若动作中不包含"存储"命令，图像在处理后保持打开状态。

②"存储并关闭"：用批处理后的图像文件覆盖原有文件，并关闭文件。

③"文件夹"：将处理后的文件存储到指定文件夹。单击【选择】按钮，选择要存储的目标文件夹。本例选择"D：\myImages"。

【覆盖动作中的"存储为"命令】：若所选动作中包含"存储"命令，选择该复选框，可确保批处理后的文件存储到目标文件夹中（【目标】选"文件夹"时）或保存到原来位置（【目标】选"无"时），覆盖掉原文件（【目标】选"存储并关闭"时）。本例选择该复选框。

　　【文件命名】：若【目标】选"文件夹"，可指定文件保存时的命名规则。本例采用默认设置。

　　【兼容性】：指定文件名是否与 Windows、 Mac OS 或 UNIX 操作系统兼容。本例采用默认设置。

　　【错误】：在批处理过程中若发生错误，选择处理的方式。本例采用默认设置。

　　(2) 设置好【批处理】对话框的参数 (图 9.35)，单击【确定】按钮，批处理操作开始进行。如果在批处理过程中弹出【JPEG 选项】对话框，可根据需要选择图像品质，并单击【确定】按钮，关闭对话框，继续执行批处理操作。

 提示

　　要终止执行中的批处理命令，可按 Esc 键。

图 9.35　【批处理】对话框参数设置

9.3.3　制作逐帧动画"下雨了"

1. 录制和播放动作

(1) 打开图像"第 9 章素材 \ 雨荷 9-01.jpg"，如图 9.36 所示。

(2) 在【动作】面板上单击 按钮，在弹出的对话框中输入动作名称"雨"，选择该动作所属的动作组 mySet。单击【记录】按钮，开始录制动作。

(3) 在【图层】面板上单击【创建新图层】按钮 ，新建图层 1。

(4) 使用【编辑】|【填充】命令在图层 1 上填充黑色。

(5) 选择图层 1。选择【滤镜】|【杂色】|【添加杂色】命令，打开【添加杂色】对话框，参数设置如图 9.37 所示，单击【确定】按钮。

【视频操作】

图 9.36　素材图像　　　　　　　　　图 9.37　【添加杂色】对话框

（6）选择图层 1。选择【滤镜】|【模糊】|【动感模糊】命令，打开【动感模糊】对话框，参数设置如图 9.38 所示，单击【确定】按钮。

（7）将图层 1 的混合模式设置为"滤色"，如图 9.39 所示。

图 9.38　【动感模糊】对话框　　　　　　图 9.39　设置图层混合模式

（8）在【动作】面板上单击■按钮，停止动作的录制。此时的【动作】面板如图 9.40 所示。

（9）在【动作】面板上选择动作"雨"，通过单击▶按钮，连续播放两次动作。此时的【图层】面板如图 9.41 所示。

图 9.40　录制完成的动作　　　　　　图 9.41　动画制作前的图层面板

2．制作动画

（1）选择【窗口】|【时间轴】命令，显示【时间轴】面板。从创建视频时间轴▼下拉列表（图 9.42）中选择"创建帧动画"选项，然后单击创建帧动画按钮，使面板转换到"帧动画"模式。

【视频操作】　　　　　（2）在【时间轴】面板上单击【复制所选帧】按钮□两次，这样可从从第 1 帧复制出第 2 帧和第 3 帧，如图 9.43 所示。

图 9.42　【时间轴】面板

图 9.43　复制帧

(3) 在【时间轴】面板上选择第 1 帧，在【图层】面板上显示背景层与图层 1，隐藏其他层，如图 9.44 所示。

(4) 在【时间轴】面板上选择第 2 帧，在【图层】面板上显示背景层与图层 2，隐藏其他层。

(5) 在【时间轴】面板上选择第 3 帧，在【图层】面板上显示背景层与图层 3，隐藏其他层。

图 9.44　设置第 1 帧要显示的图层

(6) 在【时间轴】面板上单击第 1 帧的【选择帧延迟时间】下拉列表 5 秒▼，从中选择 "0.1 秒" 选项。同样设置第 2 帧和第 3 帧的延迟时间也是 0.1 秒。

(7) 在【时间轴】面板左下角单击【选择循环选项】下拉列表 一次 ▼，从中选择 "永远" 选项，使动画能够循环播放。

(8) 选择【文件】|【存储为 Web 所用格式】命令，在打开的对话框中设置参数，如图 9.45 所示 (选择 GIF 格式，其他选项不变)。

图 9.45　动画输出设置

(9) 单击【存储】按钮，弹出【将优化结果存储为】对话框。选择存储位置，输入动画文件名"雨荷（动画）"，设置保存格式为"仅限图像"。

(10) 单击【保存】按钮，若弹出警告框，单击【确定】按钮即可。至此 gif 动画输出完毕。

(11) 使用【文件】|【存储为】命令将动画源文件存储为"雨荷（动画）.psd"。

【参考图文】

可使用 Internet Explorer、ACDSee、Windows 图片与传真查看器等工具打开"第9章案例参考答案\雨荷（动画）.gif"，观看动画效果。

小　　结

本章主要讲述了以下内容：

(1) 动作的基本操作。基本操作包括动作的录制、播放、保存与载入等。

(2) 动作的编辑修改。编辑修改包括在动作中插入菜单项目、插入停止和设置对话控制等。

(3) 动作的应用案例。针对动作的基本操作和编辑修改，安排了一些典型的案例，以帮助读者更好地掌握本章内容。

本章理论部分未提及的知识点：

Photoshop CC 逐帧动画的制作。在逐帧动画的制作过程中，动画的每个帧画面都由制作者手动完成，这些帧称为关键帧（了解）。

习　　题

一、选择题

1. 将动作组存储后所得到的文件的扩展名为 _____。

　　A. ATN　　　　　　B. ATG　　　　　　　　C. CAN　　　　　　　　D. ACT

2. Photoshop CC 提供了一组自动化命令，可以帮助用户快速地处理图像，大大提高工作效率。下面列出的 _____ 项不属于自动化命令。

　　A. 创建快捷批处理　　　　　　　　　B. 批处理

　　C. 存储为 Web 和设备所用格式　　　D. 图片包

3. 以下 _____ 项操作一定能被直接记录到动作中。

　　A. 选择工具箱中的某个工具　　　　　B. 将图像放大到 200%

　　C. 设置橡皮擦工具的笔刷大小　　　　D. 使用钢笔工具绘制路径

4. 对于已经录制完成的动作，以下叙述不正确的是 _____。

　　A. 动作中命令的排序可以更改

　　B. 动作中不使用对话控制的命令，只能以录制时的参数设置执行

　　C. 通过设置，可以使动作在播放时跳过某些命令

　　D. 可以通过一个命令，使动作中的所有命令逆序运行

5．利用【文件】|【自动】菜单下的【_____】命令，Photoshop CC 可以自动对多个图像执行相同的动作，实现图像处理的自动化。

　　A．批处理　　　　B．PDF 演示文稿　　　　C．图片包　　　　D．联系表 II

二、填空题

1．在 Photoshop CC 中，可以将图像处理的一系列命令和操作记录下来，组成一个_____。

2．如果在动作的某个命令上启用了_____，则动作播放到该命令时将暂停执行，同时打开对话框，用户可以重新设置对话框参数。

3．对于动作录制时不能被记录的命令 (如【视图】、【窗口】菜单中的绝大多数命令)，可以在动作录制完毕后，在动作的相应位置使用【插入_____】命令解决问题。

4．对于动作录制时不能被记录的操作 (比如创建路径等)，可以在动作录制完毕后，在动作的相应位置插入_____命令。

三、操作题

打开或新建图像，从【动作】面板菜单中载入"纹理 (Textures)"动作组，使用其中的预置动作制作如图 9.46 所示的效果。

(a) 砖墙 (Bricks)

(b) 黑色花岗岩 (Black Granite)

(c) 黑曜石 (Obsidian)

(d) 生锈金属 (Rusted Metal)

图 9.46　Photoshop CC 预置动作效果

北大版·计算机专业规划教材

图文案例

精美课件

配套代码

课程平台

教学视频

本科计算机教材

高职计算机教材

电子书架

扫码进入电子书架查看更多专业教材，如需
申请样书、获取配套教学资源或在使用过程
中遇到任何问题，请添加客服咨询。